雷电危害及其防护

申积良　王　稳　编著

LEIDIAN WEIHAI

JIQI FANGHU

中国电力出版社
CHINA ELECTRIC POWER PRESS

内 容 提 要

本书在阐述大气中各种电现象，如大气电场和雷暴电场的形成、雷电和对地闪电特征等基础上，重点讨论了引起雷电危害的物理机制及各种雷电危害特征，总结了雷电危害防护的一般要求，并针对人体、建筑物、电力设备及输配电网、微电子设备、风电场等不同雷电危害防护对象，介绍了雷电危害防护的技术要求、基本措施和方法。

本书可供从事高电压技术和雷电防护技术的现场工作人员参考，还可供大气电学、防雷工程、电力工程和气象学等专业的大专院校师生学习参考。

图书在版编目（CIP）数据

雷电危害及其防护 / 申积良，王稳编著. —北京：中国电力出版社，2022.2（2022.11重印）
ISBN 978-7-5198-6519-1

Ⅰ. ①雷⋯　Ⅱ. ①申⋯②王⋯　Ⅲ. ①防雷–基本知识　Ⅳ. ①P427.32

中国版本图书馆 CIP 数据核字（2022）第 027044 号

出版发行：中国电力出版社
地　　址：北京市东城区北京站西街 19 号（邮政编码 100005）
网　　址：http://www.cepp.sgcc.com.cn
责任编辑：赵　杨
责任校对：黄　蓓　朱丽芳
装帧设计：张俊霞
责任印制：石　雷

印　　刷：北京雁林吉兆印刷有限公司
版　　次：2022 年 2 月第一版
印　　次：2022 年 11 月北京第二次印刷
开　　本：710 毫米×1000 毫米　16 开本
印　　张：13
字　　数：215 千字
定　　价：68.00 元

# 前　言

　　自富兰克林通过风筝试验认识雷电的"电"本质以来，人们就一直关心雷电是怎么产生的。对于雷电的形成机理，众说纷纭，雷电的形成机理一直不被人们所了解。以往的资料对于雷电的形成机理，都以"带电"现象为基础，提出许多"起电"机制的假说，但所有这些机制都不能对观察到的雷电现象和过程进行令人信服的解释和说明。

　　以往的雷电危害防护技术基本上是在大量观察资料及应用的经验基础上形成的，缺少基本理论指导，在防雷实践过程中，人们对防雷的基本理论还有不少认识模糊的地方，对于一些理论还存在争论。原因是人们一直对雷电的形成机理及闪电发展的物理过程缺乏清楚的认识。

　　本书在阐述大气中各种电现象，如大气电场和雷暴电场的形成、雷电和对地闪电特征等基础上，重点讨论了引起雷电危害的物理机制及各种雷电危害特征，总结了雷电危害防护的一般要求，并针对人身、建筑物、电力设备及输配电网、微电子设备、风电场等不同雷电危害防护对象，介绍了雷电危害防护的技术要求、基本措施和方法。

　　在以往的防雷资料中，介绍的主要是危害防护的具体方法和措施，而对有关雷电的危害机制都涉及较少。本书从物理概念上讨论了雷电危害及雷电危害防护的基本原理，对雷电危害防护技术中的机制进行了分析，在雷电危害防护技术上提出了一些新的概念、方法和措施。读者通过了解雷电危害及雷电危害防护的机制，可对雷电危害防护方法的目的更加明确，采取更有效的防护措施。

　　本书可供从事高电压技术和雷电防护技术的现场工作人员参考，还可供大气电学、防雷工程、电力工程和气象学等专业的大专院校师生学习参考。

作　者

2021 年 12 月

目 录

前言

1 概述 ·· 1

   1.1 雷电危害的特点及防雷技术措施 ···················· 2

   1.2 雷电危害的分类 ·································· 4

   1.3 雷电危害 ·· 5

   1.4 雷电防护的一般概念 ······························ 10

2 现代防雷技术的发展 ·································· 16

   2.1 直击雷防护技术 ·································· 16

   2.2 雷击危害防护技术 ································ 26

   2.3 防雷接地技术 ···································· 34

3 雷电对人体的危害及防护 ·························· 44

   3.1 雷电对人体的危害 ································ 45

   3.2 雷击对人体产生的生理影响 ······················ 50

   3.3 雷电危害防护 ···································· 53

   3.4 雷电危害救护 ···································· 56

4 建筑物雷电危害及防护 ···························· 59

   4.1 雷电对建筑物的危害 ······························ 59

   4.2 建筑物雷电危害防护 ······························ 61

5 电力设备及输配电网雷电危害及防护 ················· 80

  5.1 雷电对电力生产的危害 ························· 81

  5.2 雷电对输、配电线路的危害 ····················· 84

  5.3 输、配电线路雷电危害防护 ····················· 93

  5.4 雷电对电力设备的危害 ························· 103

  5.5 电力设备雷电危害防护 ························· 107

  5.6 电力设备雷电危害防护特性 ····················· 121

  5.7 二次设备雷电危害防护 ························· 149

  5.8 电力系统防雷接地 ··························· 150

6 微电子设备雷电危害及防护 ······················ 152

  6.1 雷电对微电子设备的危害 ······················ 152

  6.2 电子设备雷电危害特点 ························· 153

  6.3 电子设备雷电危害防护 ························· 155

  6.4 电子设备的防雷器件 ·························· 156

  6.5 等电位连接 ······························ 161

  6.6 雷电产生的信号干扰及防护 ····················· 163

7 风电场雷电危害及防护 ························· 170

  7.1 风力发电系统雷电危害特点 ····················· 170

  7.2 风力发电系统雷电危害防护 ····················· 175

  7.3 箱式变压器雷电危害 ·························· 183

  7.4 集电线路及升压站雷电危害防护 ··················· 188

  7.5 风电场弱电（二次）设备雷电危害防护 ················ 189

  7.6 风电场防雷接地 ···························· 195

参考文献 ································· 199

概　　述

　　大气中存在大气电场，雷电是在一定的大气条件下，在大气电场背景中发展起来的特殊的大气电现象。因此雷电和大气电场有着非常密切的关系。大气中的各种变化特别是气流运动，不断影响和改变着大气中电场的状态，在极端的情况下，引起的变化会非常强烈，极高的雷暴电场会造成大气中空气介质击穿，在大气空间形成强烈的闪电和雷鸣，即人们常说的雷电。但在大多数情况下，在雷云中引起的电场会在云中空气介质击穿前就无声无息地消失了。

　　雷电形成于大气环境中，也给大气环境带来很大影响。在大气环境中，雷电（包括未发生闪电的雷暴电场）产生的影响大、存在广泛、给人的感官刺激强烈，同时在气候变化、降水等不同天气的形成中扮演了极其重要的角色。

　　由于雷电会对人类的身体乃至生命构成危害，因此早期的人类对雷电恐怕只有恐惧，在观念上，世界各地都不约而同地将雷电现象神化。欧洲将其视为上帝对罪恶的惩罚，我国则称其为天上众神仙中的"雷公""电母"下凡惩罚妖魔鬼怪。雷电形成的危害主要是闪电，闪电分为地闪和云闪两大类。据估计，地球上每秒钟发生数十次地闪，它是全球无时无刻不存在的约 2000 个雷暴活动的结果。对地闪电中，除一部分地闪发生在无人为建筑、设备、设施的旷野和海洋等区域外，其他均会对人类生产、生活造成危害，对各种人为建筑、设备、设施等造成破坏。云闪发生在地表以上的大气空间中，一般不会对处在地表的人类活动产生直接影响。但随着科学技术的发展，人类在地表以上的大气空间中的活动范围越来越大，越来越频繁。云闪常常对人类大气空间中的活动，如航空、航天等产生影响，因此云闪引起的雷电危害也越来越引起人们的重视。

　　闪电发生时，其产生的瞬时功率极大，瞬间损耗的雷暴电场能以热能、机械能（包括冲击波、声波）、电磁能（包括光能）等形式在极短时间内释放。如地闪的回击阶段，对地放电的峰值电流可达几万安培，其瞬时功率可在 10^{11} W 以上。其在通道内造成的强烈加热效应，可使通道中的空气温度瞬时内上升到 3 万℃以上。因此，闪电造成的破坏力极大。

在早期的人类社会，雷电危害主要是引起人、畜伤亡，引发住房损坏和森林大火。所涉及的范围和其他危害一般还不会很大。随着人类社会的进步和文明程度的提高，人们开始在条件比较好的地区聚居，人们逐渐趋于集中居住，出现了大城市，在城市中出现高层建筑，雷电的危害频率和危害程度开始上升，并出现了因雷电造成建筑物损坏的情况。世界工业革命开始后，人们开始建设大量的生产厂房、工业设施，并将火、炸药应用于矿石开采和战争，将金属材料应用于建设和产品制造。由于火和炸药是易燃易爆材料，对雷电作用非常敏感，暴露于大气中的金属材料容易在闪电形成过程中激发向上先导，吸引闪电。工厂、仓库等工业生产设施，因雷电危害引起的事故明显增加，而且常常会因雷电危害引发燃烧、爆炸等后续灾害，造成巨大的经济损失和人员伤亡。进入电气化时代后，雷电危害变得更加广泛、严重。特别是在现代社会，不同地区甚至整个国家，电力生产中的发电、输电、供电和各种用电设备都通过导线连接在一起，构成一个巨大的综合网络。一处遭受雷电危害，有可能影响与之相连的其他设备甚至整个系统。影响整个地区甚至整个国家的事故在世界各地都曾经发生过。

我国很早以前就有有关雷电造成人畜伤亡、引发火灾等的记录。根据有关资料介绍，全球平均每年因雷害造成的直接经济损失就超过 10 亿美元。雷电造成的灾害会给对人们的生产、生活带来巨大的影响，甚至危及人的生命。为减少雷电危害，人们进行了长期不懈的努力，积累了非常丰富的防雷经验和方法。但由于雷电危害的特殊性，雷电危害的预防仍然不能令人满意。

1.1 雷电危害的特点及防雷技术措施

雷电危害的特点主要表现为以下几点：

（1）不确定性。雷电危害主要是由雷击引起，雷击的发生无论是在时间上还是在空间上，都存在非常大的不确定性，以至于直到今天，人们仍无法准确地预测雷击可能发生的时间和位置。

（2）突发性。雷击常常在瞬间发生，时间极短，令人猝不及防，雷击发生时，人们根本无法采取进一步的预防措施。

（3）多样性。雷击发生时产生的大电流、高电压，以及极强的电磁、机械和化学等各种效应，具有很大的破坏作用，能够造成多种不同形式的危害，任何预防措施不完善均会成为其破坏的对象。

根据以上雷电危害的特点，预防雷电危害的措施必须具有相应的针对性和多样性，要根据需要保护的对象，全面分析各种可能发生的情况，采用合适的措施，才能有效减少雷电危害。

现代防雷技术是一项综合性的系统工程，有资料将防雷技术措施归纳为 6 个英文单词，即用每个单词的第一个字母表示为 A、B、C、D、G、S。

（1）A 表示英文单词 Avoiding，即"躲避"的意思。躲避的方法有很多，例如，雷电发生时，处于室外的人员应及时躲入室内；建筑物的建设、设备设施安装应尽量避开多雷区和易落雷地区；航空、航天器飞行应尽量避开雷暴天气或绕开雷暴云体；雷暴天气不进行室外作业；雷电发生时少用或停用用电设备等。合适的躲避方法能有效防止和减少雷电危害。

（2）B 表示英文单词 Bonding，意为"搭接"，即"均衡连接"或"等电位连接"。闪电放电电流导入地下的过程中，在传导路径上会形成非常高的瞬时电压（电位升高），对附近的建筑、设备及人员产生旁侧闪络，造成危害。当这种瞬时电压通过各种管、线引入室内设备时，又会在设备的不同部位形成很高的电位差，同样危及室内设备安全。因此，采用很粗的导电良好的导体，将需要保护的建筑物金属构架、设备等连接在一起，保证各部分都处于等电位，闪电时，各部分的电位同时抬高，就不会发生旁侧闪络放电。

（3）C 表示英文单词 Conducting，即"传导"的意思。具体的方法是采用避雷针把闪电吸引到接闪器上，然后把闪电的放电电流导入地下，把闪电的能量耗散到地下，从而保护地面建筑及其他各类被保护体。

（4）D 表示英文单词 Dividing，即"分流"的意思，是现代防雷技术中发展的重点，也是防护各种电气、电子设备的关键措施。

所谓的分流就是在输电线路引至被保护设备处的导线以及一切从室外引入的导线对地之间安装避雷器。当直击雷或感应雷在输电线路或室外导线上产生的过电压沿导线传输到被保护设备时，避雷器动作将放电电流分流入地，防止雷电对设备的危害。

（5）G 表示英文单词 Grounding，即"接地"的意思，它与 C、B 是相互配合，形成防止直击雷害的完整措施之一。良好的接地才能有效地泄放闪电的能量入地，降低引下线上的电压。

（6）S 表示英文单词 Shielding，即"屏蔽"的意思。就是利用金属网、板、箔、外壳等导体将需要保护的对象整体包裹起来，从物理上把闪电产生的电磁脉冲波从空间入侵通道全部阻断，这样，闪电就不会影响到屏蔽内的设备。

接地也是为其他防雷措施 D 与 S 服务，接地不好，B、C、D、S 都不可能完善，所以，接地是整个防雷工程中最重要的一个环节，同时也是工作量最大的一个环节。

1.2 雷电危害的分类

对于雷击所造成的破坏可以有多种分类方法，主要都是针对云地闪电即落地雷。供电企业将被闪电直接击中的导线上产生的过电压称为"直击雷"，在其附近并未被闪电直接击中的导线上产生的过电压称为"感应雷"。根据表述，这里的两种情况实际上是指同一次对地闪电在不同导线上引起的过电压，主要是供电企业针对雷电对电力设备绝缘的损害这种特定需要进行分类。

大多数情况下，另一种分类方法更为合适，即考虑伴随对地闪电产生的电磁、热、声、光等各种物理效应所造成的危害，将闪电造成的雷害分为"直接雷击危害"和"间接雷击危害"两种。

1.2.1 直接雷击危害

所谓直接雷击危害指的是受害对象直接遭受雷击所受的损害。由闪电落地瞬间，以大电流、高电压、极大的瞬时功率释放的雷暴电场能引起，主要是热效应、电磁效应和电击穿导致燃烧、爆炸、高气压冲击波、材料电击穿等引起的结构性破坏。这类破坏一般都会留下非常明显的痕迹。它所涉及的能量主要是由闪电通道中的电流直接引起的，能量密度大。

1.2.2 间接雷击危害

间接雷击危害也是发生在对地闪电过程中，但受到危害的对象并未直接遭受雷击，一般离闪击点较远。造成的破坏主要由雷电流产生的电位差、跨步电压、静电感应、电磁感应、电磁辐射、电击穿等引起，可以理解为雷击引起的二次效应。

　　将直接雷击危害过程用电路的方法分析更为简便、直观，间接雷击危害也可以用电路的形式表达出来，但更多的情况下则是以电、磁场的形式表达。雷击发生时，闪电通道中的空间电荷在很短的时间内快速运动，必将在其所在区域及周围空间引起一系列的电、磁变化。这些变化包括电场的瞬间变化、电磁辐射、传导电流、感应电压、感应电流、介质极化变化引起的位移电流等。造成的破坏主要是由这些变化引起的局部过电压、过电流，以及在不同部位之间形成异常的电位差等。这些现象可在远离放电通道的地方发生，但根据电磁学原理，静电场的作用与电场源的距离的 3 次方成反比；电流的磁场与距离的平方成反比，而辐射场作用则随距离反比衰减。

　　间接雷击危害的主要表现形式：竖直方向上的电位差引起的侧击导致人员伤亡；过大的跨步电压引起的人员伤亡；处在闪电通道附近的人员或其他生物因电场感应引起的伤亡；导电体之间接触不良产生电火花引起的火灾或爆炸；电子设备或装置中外引的不同导线、金属管道等在其内部不同部位形成的电位差导致电子元、器件电击穿；电气设备中产生的过电压引起设备绝缘击穿；电力系统中感应电压、感应电流引起的保护装置误动等。雷电的危害如图 1-1 所示。

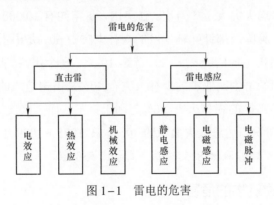

图 1-1　雷电的危害

1.3　雷　电　危　害

1.3.1　雷电造成人身伤亡

　　据国外统计资料，全球每年因雷电灾害造成的死亡人数在 3000 人以上。20

世纪 80 年代，我国气象部门和劳动部估算，每年雷击伤亡人数 1 万多，其中死亡 3000 多人。据山东省临沂地区的统计，1950～1972 年，雷击伤亡人数为 900 多人。这与瑞士的统计相近，该国每百万人口每年约有 10 人遭雷击死亡。

美国 1950～1969 年的统计资料表明：平均每年有 100 多人死于雷击，250 多人受伤，美国 48 个州雷击伤亡人数统计如表 1-1 所示。而 1970～1983 年，美国死于雷击的人数为 1154 人。

表 1-1　　　　　　　1950～1969 年美国 48 个州雷击伤亡人数统计

总人数（人）		娱乐活动人数（人）		户外工作农民人数（人）		户外杂散人员人数（人）		服务其他活动人员（人）	
死	伤	死	伤	死	伤	死	伤	死	伤
2054	4156	494	941	587	714	628	1268	345	1233

1.3.2　雷电对森林的危害

雷击引发的森林火灾是雷击的重要灾害之一。全球每天发生的地闪次数平均为 800 万次，按全球范围内雷击平均分布，世界上 410 万公顷森林面积要遭受 50 万次雷击，每年平均火灾大于 5 万次。在美国，每年约有 10 000 次森林和野地起火是因闪电引起。美国西部针叶林地区的森林火灾中 60% 是由雷击引起的。1992 年美国西部一次雷击造成的森林大火，持续 10 天，6 个州共烧毁 72.6 万英亩树木。加拿大的不列颠哥伦比亚省的森林火灾有 40% 是雷击造成的。据我国统计资料表明，大兴安岭地区的森林火灾 30% 起因于雷击，而大兴安岭地区在 1956～1962 年雷击火灾面积高达总火灾面积的 70%。在 1975～1979 年，伊春林区共发生雷击火灾 22 起，烧毁森林 813.7 亩、草场 12 533 亩。

1.3.3　雷电对建筑物的危害

早期，人们在各地修建了庙宇、塔、宫殿和教堂等高大建筑，这些建筑没有避雷设施，且建筑物相对于其他建筑更高，遭受雷击的概率更大，常常因雷击受损。

因雷击建筑物引起损害的情况主要发生在乡村，由于那里的房屋等没有相应的避雷设施，所以容易遭雷击，雷击会造成房屋等建筑物损坏或起火。

城市建筑一般在遭雷击后，建筑物本身的损坏不会太严重，主要是会对建筑物内的设备、设施或存储物质产生严重危害，甚至造成巨大损失。

中世纪因雷击造成火药大爆炸，酿成多起极大的灾祸和惨案。富兰克林发明避雷针后，两百多年来已很少发生这种大的灾祸。可近几十年来，类似的大惨案又频频出现。1977 年 7 月，德国柏林弹药库遭受雷击，炮弹横飞几个小时之久，死亡 340 人；1926 年，美国的新泽西州皮卡提尼武器库也发生过感应雷引起的大爆炸事件。这几次发生事故的建筑均没有设置避雷针。

1992 年，澳大利亚墨尔本市一家化工厂因雷击爆炸，导致毒气泄漏。1994 年 11 月，闪电击中埃及南部某镇的一个军用燃料库，由 8 个燃料罐组成的复合仓库爆炸燃烧，万余吨油燃烧着流入城镇，造成至少 430 人死亡。

油库也是常见因雷击引发事故的地方，世界各地都有因闪电引发油库爆炸的报道。1967 年，美国 EI Segundo 标准石油公司油罐雷击着火。1978 年 5 月，美国密西西比一石油公司的 5.8 万 m^3 钢油罐雷击起火。1989 年，我国青岛市黄岛油库因雷电引发火灾事故，直接经济损失巨大。

1.3.4　雷电对电力生产的危害

雷电对电力生产的危害主要包括两个方面：① 雷击电力线路和设备后，引起设备绝缘破坏，造成电力设备损坏。② 雷击电力线路和设备引起系统跳闸障碍，引发系统停电事故，造成区域性停电，甚至系统瓦解引发大面积停电事故，给整个社会生产、生活造成严重影响。

大半个世纪以来，雷击事故一直是电力生产系统中最重要的灾害之一，它主要危害发、供电设备及输电线路等，不仅电力系统设备损坏会造成重大直接经济损失，而且因事故造成的停电会极大地影响人们的生产生活。1977 年 7 月 13 日，美国纽约市因闪电造成 5 条电缆线路断开，全市一片漆黑，停电达 26h。埃及的阿斯旺坝水库是世界闻名的特大水电站，1990 年 4 月 24 日 20 时 20 分，其输电干线遭雷击，使埃及全国不同地区停电 2～5h。

在我国由于雷击造成的供电事故在电力生产总事故中的占比很大。1984 年，北京市因雷电造成的供电损失约 77.6 万 kWh。1988 年，北京电网共发生 11 起雷击事故，雷击损坏大量输电线路器件，击断两条高压线路。大庆油田每年因雷击停电而减产的石油量约相当于同一时期一个玉门油田的年产量。

据 1994 年浙江省电力工业局近十年内的线路跳闸事故分析统计，该省因雷害引起线路故障次数占线路总故障次数的 70%～80%。特别是 1993 年，全省发生 96 次线路故障，其中因雷害引起的线路故障达 78 次，占 82.3%。1990 年 9 月 20 日，广东电网珠江三角洲地区 220kV 劳顺线在雷暴中受到雷击，导致 11 个 220kV 变电站全停，损失负荷 80 万 kW，占全省总负荷的 1/4，造成广州、佛山、肇庆、韶关等城市大面积停电。

在电力生产实践中，为了防止雷电对电力设施、设备的危害，电力系统建设过程中不得不投入大量资金完善系统中的防雷措施，在整个电力系统建设投资中，避雷器、避雷针、架空避雷线、接地装置等雷电防护措施的投资占系统建设总投资的比例不小，即使这样，每年因雷电引发的事故仍然很高。以上提到的电力系统雷电危害事故都是在有一定雷电防护措施后发生的，可见雷电对电力生产的影响是不可忽视的。

1.3.5　雷电对微电子系统的危害

随着新兴的电子技术发展，各类由电子管、晶体管、各类集成元件和接口器件等微电子元、器件构成的通信、测量、控制、计算机和信息等系统和设备日益广泛地进入人们的日常生产和生活中。人们一般将电力系统称为强电系统，而将各类微电子元、器件构成的系统称为弱电系统。由于弱电系统中的设备耐雷水平相对于强电系统中的设备要低得多，雷电对这类弱电系统和设备的危害更严重、更频繁，设备损坏和系统故障问题更突出，使这类设备和系统成为雷电危害的重灾区。

早在 20 世纪 80 年代末，在一些发达国家中，计算机系统进行信息服务所产生的价值就已经占国民生产总产值的 10%；发展中国家正在跟上这一趋势，如电信使肯尼亚旅游业增加的收入占电信业投入的 119 倍。在我国，在电信方面每投入 1 元钱，给其他行业带来的经济效益为 18 元。因此，近年来，由微电子元、器件构成的各类设备、系统更是普及到全国各个行业和家庭。

20 世纪 80 年代后，随着科学技术的发展，微波、载波通信及各种自动化技术在电力和通信行业都得到广泛应用。特别是计算机技术的广泛应用，几乎进入到生产、科研、军事、国家行政管理甚至家庭生活等所有人类活动区域中，微电子设备和微电子元、器件无处不在。但是它们对于雷击危害的承受能力又非常脆弱，遭受雷击造成损失的程度呈非常快的上升趋势。

1992 年 6 月 20 日 20 时 05 分，我国气象局气象中心大楼落雷，在避雷装置和建筑物完好的情况下，其大型计算机和小型机网络中断，6 条北京同步线路和

1 条国际同步线路被击穿，计算机系统工作中断 46h，经济损失数十万元，导致次日中央电视台气象预报成为空白，影响很大。1993 年 7 月 5 日和 8 月 13 日，北京气象台两次遭雷击，1994 年 5 月，广州区域气象中心业务系统被雷击，同年 7 月 5 日和 17 日，四川省气象局业务系统被雷击，这些雷击不但引起设备损坏，还严重地影响了气象工作。

在这类设备和系统中，最早引起人们注意的雷电危害发生在微波通信站。1989 年夏，武汉、长沙、衡阳间的微波干线中的 15 个微波站，有 12 个站遭受雷击而使设备损坏，系统中断工作 26h。1990 年 7 月 30 日，郑州、三门峡微波干线大沟微波站因雷击而损坏 37 块设备屏，损坏极其严重。1990 年 9 月 27 日，黑龙江省电力局调度大楼遭雷击，致使调度自动化系统和程控交换机设备损坏，造成系统停止运行。微波设备遭受雷电危害主要是由于微波天线塔容易遭受直击雷引起。

民间电子设备也会因雷击受到损坏。1993 年的一次雷雨，北京酒仙桥有 200 多户居民家电视机被毁，其中 20 台完全报废。

1.3.6　雷电对人类航空航天活动的危害

在人类航空、航天活动中，雷害事故也是屡见不鲜。最早引起人们注意的是 1961 年在意大利发生的"丘比特"导弹武器系统及之后的一系列雷击事故。1969 年 11 月，美国在 KSC 发射"土星 V—阿波罗 12"时遭遇雷击。同年 11 月 14 日 11 时 22 分，这一宇宙飞船发射升空，起飞后第 36s 和第 52s 两次诱发闪电，造成主电源失效，制导系统失灵，在重新启动备用系统后，才避免了一场重大事故。阿波罗系列登月火箭发射，前后共发生过 7 次雷电事故。1987 年 3 月 26 日 16 时 22 分，美国航天局的大力神/半人马座火箭从卡拉维拉尔角基地升空，约 1min 后便突然失控，随即中断了同地面的联系，由于当时火箭离地面仅 4700m，地面指挥部不得不用无线电指令将火箭引爆。在这一事件后两个多月，即 6 月 9 日，KSC 发射场上三枚小型火箭正待发射，突然雷雨来临，一声雷响之后，这三枚火箭突然自动点火，腾空而去。

在意大利发生的"丘比特"导弹武器系统及之后的一系列雷击事故，引起了军事部门的深切关注。此前，连科技人员也从未想到火箭和导弹发射工作需要考虑防雷。美国所修建的肯尼迪航天中心的发射场坐落在佛罗里达州，这里是公认的闪电活动比较强烈和频繁的地区，该地每年平均雷电日是美国最高的地区。而肯尼迪航天中心所在的卡纳维拉尔角的年平均雷电日达 75，在美国居第二位。因为没有考虑到雷击问题，以致后来事故频繁。日本的航天中心设在种子岛，也恰好是日本闪电最严重的地区。我国的西昌发射中心地处中国西部地区，虽然比起年平均雷电日特别高的华南地区要好得多，冬季基本无雷，但是西昌的年平均雷电日也高达 74.1，与肯尼迪航天中心几乎相同，大大高于北京的 36.8 和上海的 32.3，与广州的 83.4 接近。在 20 世纪 70 年代以后，各国才意识到航空、航天等高科技领域需要重视防雷。1969 年 11 月，美国在肯尼迪航天中心发射"土星 V—阿波罗 12"时，遇到雷击，才促使航天部门开始研究雷电的机理。

飞机遭雷击的事件也很常见。据美国联邦调查局调查：喷气式民航机每 5000～10 000h 飞行中平均遭受一次雷击。仅 1965～1966 年的两年时间内，该局就收到约 1000 份飞机被雷击的报告。1964 年，一架波音 727 型飞机在芝加哥机场上空进行着陆盘旋时，在 5min 内被闪电击中 5 次。1987 年 1 月，当时美国的国防部部长温伯格的座机飞到华盛顿附近的空军基地上空时，闪电击中了它，几十千克的天线罩被闪电击掉。闪电的最大威胁是造成飞机的电子设备损坏或失控，或是点燃飞机的燃料系统，造成爆炸起火。我国也发生过飞机遭雷击而机毁人亡的事故。2001 年 5 月 3 日，北京首都机场停机坪遭雷击，7 名检修人员受伤，飞机受损。

1.4　雷电防护的一般概念

雷电中的闪电对人类造成危害，人类一直希望能避免这种危害。在避雷针发明以前，人们对雷电危害的防护仅仅是出于对闪电的恐惧形成的本能反应——躲避。由于人们不了解雷电的本质，这样的躲避常常不能取得期望的效果，甚至由于躲避的地方不对，如躲到高大的树木或由金属构成的房屋下面，酿成更加严重的后果。随着科学技术的发展，雷电防护方法不断发展，防护技术也日趋完善。

雷电防护包括直击雷防护和雷击危害防护两个方面，其中最重要的是采取适当措施尽可能地避免被保护对象，如人员、建筑、设施、设备、森林等被雷电产生的对地闪电直接击中，即直击雷防护。但实践表明，即使具有完善的直接雷击防护措施，雷击总会发生，虽然这时雷击不是发生在被保护对象上，这样的雷击仍然会在闪电电流流过的地方，包括对闪电存在的附近空间造成危害。因此，仍需有进一步的措施防止雷击危害，即雷电危害防护的另一个方面——雷击危害防护。

1.4.1　直击雷防护

直接遭受雷击，对遭受雷击者的危害是最严重的。在早期的人类社会，雷击的危害也主要发生在直接雷击时，所以雷电危害的防护也主要是针对防止遭受直接雷击。自从 1753 年富兰克林发明避雷针以来，经历了 200 多年的应用，避雷针在直击雷防护、减少雷电危害方面发挥了不可估量的作用。

在现代社会中，雷电危害不仅发生在直接雷击时，也发生在未直接遭受雷击的情况下，但防止直接遭受雷击，仍然是防止雷电危害最重要的环节。但最初人们发现，即使安装了避雷针的建筑，仍然会发生因闪电引起的雷电事故，曾经因此怀疑富兰克林的避雷针的实际作用。人们在避雷针的实际应用和理论研究中逐渐认识到，安装了避雷针后，避雷针的保护范围也是有限的，在该范围内可以得到有效保护，而超出保护范围则仍有可能遭受直接雷击。人们开始以各种不同的方法确定保护区，其保护区的范围各不相同，但几乎都发生过处于保护区内的被保护对象不能完全避免遭受雷击的情况。因此，以往的资料中都提到，雷击发生是一种概率问题，认为完全避免雷击是不太可能的，而发生雷击的次数只是概率的多少而已。一些方法确定的保护区内的物体遭受雷击的次数可能多一些，另一些方法确定的保护区内的物体遭受雷击的次数可能少一些。分析原因可能是在闪电发展过程中，除雷暴电场及闪电先导本身的状态影响外，风向等其他偶然因素都会对闪电发展产生影响。其次在大多数有关雷电的资料中都提到球形闪电等特殊形式的闪电，其形成机理至今不为人们所了解，但根据资料描述，球形闪电可以穿门破户地进入室内，如果真是这样，避雷针对球形闪电就会毫无作用。

在以往闪电的形成和发展理论中，分析闪电的运动时，对于雷云中的空间电荷、下行先导中的电荷和地面感应电荷之间的作用，都是按电荷处于静止状态的情况下，即静电场状态下的电场分布和相互作用来进行分析的。根据闪电的形成和发展过程分析，闪电在先导向下的运动过程中，其运动速度接近光速，因此，先导本身的电场是和先导运动速度有关，其周围的电场强度随速度的变化而变化。当先导发展到接近地面时，会在地表最突出的部位激发向上的迎面先导。激发迎面先导的时间可能发生在下行导线处于短暂停顿时，也可能发生在最后一次停顿后重新启动后的运动过程中。如果激发迎面先导是在下行先导处于短暂停顿时，同样数量的先导电荷，其前方的电场强度最强，在较远的位置即可激发地面的迎面先导。而当激发上行先导的时间处于先导重新启动后的运动过程中，下行先导前方的电场强度因运动速度很大而减弱,同样电荷量的下行先导需要在更近的距离才能从地面激发上行迎面先导。正因为如此,同样的雷暴电场状态下,下行先导从地面激发上行迎面先导的距离变化会很大,以致造成同样条件下闪击距离的不确定性较大。

因此,在处理直击雷的防护问题时,必须考虑保护区内被保护对象遭受雷击确实存在一定的不确定性,但是,不管是实际应用经验还是理论分析,通常情况下,采用恰当的方法确定保护区的范围,保护区内的被保护对象遭受雷击的概率可以降到一个很小的值。

目前直击雷防护的主要措施除避雷针外,还有避雷带、避雷网、屏蔽等。

1.4.2 雷击危害防护

一般非专业人员会认为,安装了避雷针,就万事大吉了,就不会遭受雷电危害了。在富兰克林时代,安装了避雷针的建筑还有遭受雷电危害的情况,人们因此怀疑避雷针的效果,其根本原因是对雷电危害防护的两个方面的作用,即对直击雷防护和雷击危害防护的作用没有清晰的认识。

直接遭受雷击会造成雷击危害,未直接遭受雷击也会发生雷击危害。直击雷防护和雷击危害防护是雷电危害防护的两个方面。随着现代工业和技术的发展,未直接遭受雷击的情况下造成危害的问题越来越突出。因此,人们深刻地意识到在采取了防直击雷措施后,还必须有有效的雷击危害防护措施,才能真正减少和防止雷电危害。

"避雷针"一词不能理解为避免雷击,更不能理解为可完全避免雷电危害。避雷针的作用实际上是引雷,对地闪电发生时,避雷针将闪电吸引到避雷针上,从而避免受保护范围内的其他物体直接遭受闪电放电危害。因为直接遭受闪电放电,造成的危害程度常常会非常严重。

一般非专业人员会产生疑问,遭受雷击就会发生雷电危害,未遭受雷击怎么也会发生雷电危害呢?在雷电危害防护的问题上,人们必须清楚地认识到,附近区域的避雷针或物体发生雷击后,巨大的雷电流在泄放的过程中,仍然具有一定的能量,在雷电流流经的路径上仍会对路径上的其他物体造成危害。虽然这种危害不像直接雷击那样,会在被雷击物体表面留下严重危害的明显痕迹,但因为一次闪电雷击一般都发生在个别物体上,危害程度严重,但涉及面较小。而雷击发生后,对周围所有物体均可能产生危害,涉的面比直接雷击要大得多,造成的危害可能更严重，因此，针对这样的危害，仍需采取进一步的措施进行防护。实际上直击雷防护和闪电发生后形成的雷电危害防护，是整个雷电危害防护的两个不同方面。在现代防雷技术中，和直接雷击防护比较，雷击危害防护更重要，防护技术更复杂，涉及的范围更广泛。

目前，建筑物雷电危害防护技术已比较成熟，采取完善的直接雷击防护措施后，即可以有效减少和避免雷电对建筑物的危害。

电力生产中的设备及系统中的雷电危害防护技术已比较成熟，防护措施也相对完善，采取的主要措施一方面是采取有效的直接雷击防护措施，避免需要保护的设备遭受直接雷击；另一方面是不断提高电力设备的抗雷击过电压特性，同时采用各种避雷器件限制系统雷击过电压幅值，防止雷击危害。

但森林的雷击危害防护和新兴技术领域中，如微电子元、器件构成的设备和系统中，雷电危害防护技术相对比较薄弱，雷电危害问题仍然非常突出。

雷击危害防护的主要措施是针对不同的雷电危害，不同的保护对象分别采用避雷器、放电间隙、涌流保护器、二极管对雷击过电压进行限压，防止过电压危害；采用可靠的防雷接地，防止地电位升高和跨步电压危害；采用屏蔽和等电位连接防止雷击造成的反击危害；同时采用屏蔽防止闪电时的电磁辐射、电磁感应对通信、测量、控制和计算机系统等微电子设备和系统的干扰。

雷电危害防护的另一个非常重要的方面是，在各种建筑物、设施的设计、建设过程中充分考虑建筑物、设施防雷要求。防雷要求高的建筑物、设施应尽可能选址在雷电少的地区建设，不可避免在雷电频繁的地区建设时，应有完善的防直击雷和雷击危害防护措施。

各种设备、装置、系统，特别是容易遭受雷击危害的电气设备、微电子设备等，在产品设计、制造过程中，应重视雷电对设备、装置可能造成的危害。尽可能提高产品抵御雷电危害的性能，使产品本身就具有较高的防止雷电危害特性。

长期以来，雷电对人类造成了极大的危害，人们在雷电危害防护方面取得了很多成功的经验。但一直以来，由于人们对雷电形成机理不了解，对雷暴电场和闪电形成及变化规律仍不十分清楚，因此，无论是针对雷电形成过程的控制，还是雷电危害防护，都缺乏基本的理论指导，大都停留在猜测和经验的基础上。许多问题仍然存在一些模糊认识，目前的雷电防护技术仍不能令人满意，特别是随着现代工业及技术的发展，一些新兴领域中的雷电危害问题仍很突出。作者在《大气电和雷电形成与变化》一书中对雷暴电场的形成机理、对地闪电的形成特征和发展的规律进行了分析。这将有助于人们对雷电的认识，在此基础上，能更好地分析雷电危害特征，了解防雷技术要求，针对各种雷电危害防护技术中存在的问题开展进一步的研究并完善。

1.4.3　感应雷危害防护

在防雷实践中，人们发现，设备或装置并没有遭受直接雷击，设备或装置中也会形成过电压或过电流，使设备或装置遭受损坏。人们称这种过电压或过电流为"感应过电压"和"感应过电流"。

有两种物理过程会产生"感应过电压"和"感应过电流"，一种是在闪电发生过程中，由于电磁场的剧烈变化，通过电磁方式耦合而产生"感应过电压"和"感应过电流"。在离雷击点比较近的区域，形成的感应过电压和感应过电流的强度可能达到一个很大的值。这种情况是感应雷害防护的重点。

另一种情况是静电感应，即在雷暴电场中，对地绝缘的导电体会由于静电感应形成高压，发生雷击时，区域内的电场急剧变化会在导体上形成很高的感应电压，对周围物体产生放电，构成危害。

对于第一种情况下的"感应过电压"和"感应过电流"的预防，主要是采取完善电磁屏蔽措施，减弱和防止感应过电压和感应过电流的形成。而对于静电感应的预防主要是接地，即将暴露在雷暴电场中的各种金属件可靠接地。

1.4.4　地电位升高形成的反击危害防护

在现代防雷技术中，避雷针、避雷带和架空避雷线等是针对直接雷击的防护措施，合理地安装避雷针、避雷带和架空避雷线，可有效使被保护设备、设施免受直接雷击。但在避雷器、避雷线、避雷带、避雷网等遭受雷击时，需要将雷电流引入地下，雷电流经引下线引致地面后，需要一定的埋设于地下的接地体才能顺畅地在地下土壤中流散。

通常情况下，认为大地是一种导电体，但实际上大地表面的土壤、岩石等物质并不是电的良导体，相对于金属材料，它们都具有较大的体积电阻率。当雷电流从避雷针处向大地流散时，会在土壤、岩石等物质中形成电压降，使避雷针本体的电位相对于雷击前升高。这种电压降与区域内土壤、岩石等物质的体积电阻率成正比，体积电阻率越高，电压降越大，避雷针本体电位升高的值越大。

雷电流在避雷针本体的电位升高，而在离避雷针无穷远没有雷击的地表，其地表电位没有变化，因此在避雷针周围的地表电位将随避雷针处的距离增加急剧减小，并在不同的距离之间形成电位差，即防雷技术中常说的跨步电压。

同时闪电形成的雷电流是一种幅值很高、变化很快的脉冲电流，这样的脉冲电流在避雷针的接地引下线及各种接地体上形成的电压降主要是电感。由于脉冲电流的变化速率很快，幅值很高，在避雷针的接地引下线及各种接地体上形成的电压降可能很高，在其附近的人员和设备之间产生很高的电位差，形成旁侧闪击，造成危害。

为避免地电位升高，跨步电压和旁侧闪击对进入该区域的人、畜及设备、设施构成危害，应尽可能地降低接地体的接地电阻，降低电位升高和跨步电压的幅值；采用扁钢或其他形式的导体做避雷针的接地引下线，减小引下线的电感，降低接地引下线上的电压降。同时应采取适当措施防止人员进入存在危害的区域，避免在这样的区域附近安装设备。

现代防雷技术的发展

现代防雷技术，实际上可概括为两个方面：① 直击雷防护技术，被保护对象遭受直接雷击，肯定要受到雷电危害，而且危害的状态最明显、危害的程度最严重。因此，人类最先意识到要避免遭受直接雷击，富兰克林发明了避雷针就是针对直接雷击采取的防护措施。② 雷击危害防护技术，主要是针对雷击发生后可能造成的危害的防护，这样的危害常常发生在被雷击时，但更多的是发生在并未遭受直接雷击的时候。一般情况下，雷击危害防护比直击雷防护所涉及的范围更广，难度更大，技术更复杂。

现代防雷技术已经得到很大发展，大部分领域的防雷技术已经非常完善。但随着社会工业化程度的提高，一些领域中的雷电危害却日益突出，雷电危害防护技术面临的问题及防护措施的进一步完善也越来越引起人们的重视。

2.1 直击雷防护技术

闪电是由雷暴形成的，雷云对大地之间的电位差可达 10^4 kV 以上，雷暴中的对地闪电放电形成的雷电流的峰值一般为 30kA 左右，最大可达 100kA 以上，它的瞬时功率可达 $10^9 \sim 10^{12}$ W 以上。由于闪电的高电压、大电流和极大的瞬时功率，对地闪电形成的破坏力极大，因此，当人、牲畜、建筑物、各类设备、设施等直接遭受闪电放电，即直接雷击时，遭受雷电危害最严重。

由于对地闪电发生时，被雷击对象不可避免地要遭受雷电危害，早期人类所遭受的雷电危害都是发生在这种情况下，所以，人们很自然地想到要避免直接受到对地闪电的直接雷击。自富兰克林发明了避雷针后，人们开始主动应用技术措施防止直接雷击危害。所采取的措施在雷电防护技术中称为直击雷防护。富兰克林发明了避雷针就是最早的，也是最有效的直击雷防护措施。

富兰克林通过著名的风筝试验，对雷电的本质进行了探索，认识到雷电和摩擦电在本质上并无区别。在随后的研究中，他发明了避雷针。富兰克林对避雷针的应用是成功的，对避雷针的定义也是准确的，它的目的就是将闪电瞬间释放的巨大能量引入地下，使处于避雷针周围保护区内的人员和物体避免受到雷电直接击中，形成一定范围的保护区。富兰克林是人类第一个利用避雷针吸引闪电，将闪电通过避雷针引入地下，是人类最早主动采取的直击雷防措施。

在现代防雷技术中，除避雷针外，避雷带、避雷网和架空避雷线等也都是针对直接雷击的防护措施，针对不同保护对象，合理地安装避雷针、避雷带、避雷网和架空避雷线，可有效地使被保护人、牲畜、建筑物，以及各类设备、设施等避免遭受直接雷击。

17~18世纪，欧洲的学者在培根、笛卡尔、伽利略等先驱的影响下，冲破神学的束缚，开展实验研究，对电的认识做出了不少奠基性的贡献，对雷电科学的建立提供了不可或缺的条件。但当时还只局限于实验室内做试验，把天电与地电类比。富兰克林打破了这种局限，他一方面有目的地设计实验，把实验工作与思辨很好地结合起来，迅速取得了实验观察和理论思想上的进展；另一方面用实验直接干预大自然的过程，用实验印证天电与地电的同一性。富兰克林最难能可贵的是他具有以科学为人类社会服务的理想，研究过程中即想到免除人类自然灾害的需要。由此，他在1750年7月给柯灵逊的信中提出研究避雷针的设想。他说，既然尖导体可以把一个离它很远的电荷释放掉，避免它对其他物体产生电击，那么尖导体"对人类可能有些用处"。于是他建议将一根上端尖锐并涂有防锈层的铁杆安装在房屋的最高处，并用导线接在它的下端后沿墙壁直通到地下，它们就能将"在云层将要产生电击的千钧一发之际，静悄悄地把电从云中吸走。因而使我们免受最突然、最骇人的悲剧"。正式宣布避雷针的研制则是在1753年出版的《可怜查理日记》一书中，并对这一装置做了详细叙述。

一些人接受了富兰克林的建议，于是在英国及其在美洲的殖民地，在欧洲大陆特别是在法国，安装避雷器蔚然成风，但也有反对的。1767年，威尼斯一个教堂因没有避雷针的保护，雷击后引起教堂内的炸药爆炸，死亡3000人，并毁了半个威尼斯城。又如东印度公司的理事认为避雷针会产生高电势而存在危险，下令将苏门答腊岛上的马拉加要塞的避雷针拆去，1782年闪电点燃了该要塞的400

桶炸药，造成巨大灾难。对比之下，意大利圣马可钟楼从 1388～1762 年 9 次毁于雷击，安装避雷针后再未受到雷击破坏。通过对比，避雷针的作用日益得到广泛认可。

1769 年，伦敦圣保罗大教堂安装了一根尖头避雷针，1772 年教堂很多部分毁于雷击，伦敦皇家学会中一些科学家对尖头避雷针提出异议，英国乔治三世下令将白金汉宫的尖头避雷针改成圆头避雷针，富兰克林于 10 月 14 日在一封信中写道："国王将尖头避雷针改成钝头避雷针，这对于我来说倒无关紧要。如果要问我的想法，我认为他最好把避雷针宣布无效而整个取消。"

为了进一步弄清避雷针作用的机理，1752 年 9 月，富兰克林在自己的家中安装了一套特殊形式的避雷针，经常进行观察。一支铁棍固定在烟囱上高出其顶端 9 英尺，在下端接一根导线，穿过楼顶处用玻璃管套住以保证与屋顶绝缘，导线一直通到地上，接在抽取地下水的唧筒的矛形尖端上，导线穿过房内楼梯间处断开，上下端分别各装上一个金属铃，相距 8 英寸，在两个铃中央置一个用丝线挂起来的小铜球，雷雨云过顶时，铜球就会摆动起来敲击两个铃，从而把上端的电荷传导到地下。

他利用这一实验装置发现雷雨云带的电多半是负电荷。他还发现带电量大的雷雨云使中央的铜球被排斥而远离两个铃，强大的放电火花直接穿过两个铃，甚至形成连续放电，变成手指粗的火柱。经过多年观察，他很谨慎地指出：从避雷针引下的导线要接触到潮湿的土壤，埋得越深越好。避雷针有双重作用，或者由于尖端放电而避免发生雷击，或者它把闪电导入地下，因此避雷针可使建筑物避免遭受闪电的灾害。富兰克林后来修改了最初的看法，避雷针是起了引雷入地的作用。避雷针的英文名"lightningrod"直译为闪电棒更为准确，本无避免雷击之意。

在英国防雷协会 1876 年会上，马克斯威尔提出了一种看法。他说："建筑物上安装避雷针比不装能吸引更多的雷电放电。因此，在避雷针周围地区就很少发生被雷击中的情况了。"从而他推想说，"依我看来，对于这些装置的计算，与其说保护安装了避雷针的建筑，不如说是为了周围区域的利益。"20 世纪 90 年代美国学者重提避雷针的形状问题，从 1994 年起，他们开始做野外对比实验，一直到 2000 年，通过连续 7 年的野外对比实验，观察到 12 次雷电均击中钝的避雷针，而近旁的尖的避雷针却始终未吸引雷击。

根据闪电发展过程分析，避雷针能否吸引闪电的关键是在闪电先导发展到接近地面时，避雷针能否引发向上的迎面先导。应该说，先导发展到接近地面时，总会在地面物体中一个点上发生闪击。只不过在回击形成之前的连接过程中的向上先导是由地面处主动向上运动的。

应该指出的是对比实验中 12 次闪击都发生在钝的避雷针上，并不是只有钝的避雷针才能吸引闪电，尖的避雷针就不能吸引闪电。两种避雷针靠近布置时，钝的避雷针更容易吸引闪电，但尖的避雷针独立放置时，它应同样可以吸引闪电。比对实验能定性地说明哪一种形状对闪电的吸引特性更好，但它们之间的差别能有多大，以上实验没有给出相关数据。

可以认为当下行先导接近地面时，会同时引起两种形状的避雷针电场畸变诱发空气放电，而钝的避雷针表面的感应电荷量大，更易激发上行先导。所以，闪电更容易发生在钝的避雷针上。

2.1.1 避雷针

安装避雷针以后，避雷针取代了原来的较高的物体成为"鹤立鸡群"的最高者。从物理意义上讲，避雷针的主要作用是把闪电吸引到避雷针上，并把闪电电流引入地下，使其他建筑物等避免遭受闪电的危害。在闪电发展过程中，避雷针的高度比周围被保护物体高，更容易成为闪电接地的闪击点，从而使其他物体得到保护。

富兰克林在发明避雷针时指出了避雷针有双重作用，即因尖端放电而避免发生雷击，或者它把闪电导入地下，使建筑物避免遭受闪电的灾害。可以说尖端放电对雷电的影响是很有限的，因为避雷针尖端放电向上输送的电荷，相对于雷暴电场发展中的上升气流向雷暴电场中输送的电荷，是非常微弱的，且尖端电晕产生的空间电荷进入大气空间后，仍然只能在云下雷暴电场作用下克服空气介质的阻力向上运动，运动速度决定于离子迁移率，空气中离子迁移率很小，单一避雷针引起的电荷运动只不过使已有的大气泄漏电流稍有增加罢了，不足以影响闪电形成。

长期实践表明，避雷针的主要作用是引雷。因为通常情况下避雷针的高度总比其他被保护物更高，且对地之间有良好的导电性能，避雷针比被保护物更容易产生上行先导而拦截闪电，优先成为对地闪电的闪击点。因此避雷针的作用是吸引闪电而不是排斥它，是起到将闪电引走的作用。对"避雷针"这一名字的理解应该是避免被保护物遭受直接雷击。

（1）避雷针的保护原理。对地闪电最初是由云中初始空气弱电离开始的，随着电离区的电场不断增强，电离转化为空气介质的击穿形成闪电先导。先导向地面发展时，由于先导内的空间电荷（每次梯级发展过程中有大量的自由电子）以接近光的速度向前推进，先导前端的电场强度会逐渐减弱，在先导前端的电场强度不足以引起空气介质击穿时，先导运动所受介质阻力变大，先导运动速度逐渐减缓，随着雷暴电场中空气介质的弛豫变化，先导内电荷增加，电场强度逐渐恢复直至再次引起空气介质击穿，先导重新向前推进，如此往复形成整个闪电梯级发展下行先导。

下行梯级先导发展主要决定于雷暴电场及电场中空间电荷的分布，其运动规律随机性较大。开始时先导发展和地面物体的各种状态无关，只有当梯级先导发展到接近地面的最后一个梯级时，梯级先导内的空间电荷将使地面物体处的电场强度增强。而在地面物体中离下行先导最近的物体处，就会聚集最多的感应电荷，在该处的电场会显著增强，当电场强度达到空气介质击穿的强度时，就会在该处激发向下行梯级先导运动的向上迎面先导，在上行先导和最后一个梯级下行先导完成连接过程后，整个对地闪电通道形成。随后地面感应电荷在云体下方电场作用下，快速进入梯级先导通道，形成向上回击。

当梯级先导发展到接近地面时，如果地面内安装有高度大于其周围其他物体的避雷针，由于避雷针为导电性能良好的金属材料，地表的感应电荷能够顺畅地聚集于避雷针尖端，形成向上运动的上行先导，拦截对地闪电，避免在其周围其他物体上形成闪电。

（2）避雷针的结构。一般避雷针是由金属导体构成的接闪器、引下线和接地体组成，其针状接闪器是直接承受闪电的部位，安装在避雷针的最高点，当对地闪电的下行先导向地面发展时，处于避雷针顶端的接闪器激发上行先导，将下行先导引向避雷针，使闪电在避雷针的接闪器上发生，让强大的雷电流经引下线和接地体泄入地下，从而使处于保护范围内的其他物体避免遭受直接雷击。

自富兰克林发明避雷针以来，对避雷针的结构一直存在许多争议，比如避雷针顶端应是尖的还是圆的，在避雷器顶端安装放射性元素、采多针系统、能否提高避雷器的性能等。早在富兰克林时代，他就对这种争议持否定态度。

其实，避雷针的保护功能主要取决于两点：① 相对于被保护对象，避雷针必须具有足够的竖直高度差，在对地闪电的梯级先导发展到接近地面时，能使避雷器尖端处的电场强度相对于保护区内的其他物体是最高，从而最先激发上行先导。② 避雷器尖端到地表感应电荷之间处于良好的导电状态，以便在下行先导接近地面时，在避雷器尖端处快速聚集足够的感应电荷，形成高的电场强度和聚集足够能量，激发上行先导，主动拦截对地闪电。

在确定采用的材料和避雷针各部分的结构尺寸时，主要考虑的是机械强度和材料的热稳定计算。长期实际应用表明，避雷针的形状对避雷针的引雷效果影响其实很有限，一般情况下，根据有关规程正常设计和安装的避雷针是能够满足直击雷防护要求的。

（3）避雷针的保护范围。安装避雷针后，避雷针和周围被保护物体之间的相对高度和位置已经确定，所以避雷针的保护范围就已确定。在以往的实践中，距离避雷针较近的人、牲畜、建筑物、各类设备、设施等就可避免遭受直接雷击而得到有效的保护，但距离增加后，超出避雷针的保护范围，闪电发生时，仍然会发生雷击。

1777 年 5 月，伦敦附近一座火药库因雷击而受损，避雷针是富兰克林等人组成的委员会设计的。雷击火药库，说明避雷针没有起到截闪作用，从而提出了避雷针的保护范围的问题。在 20 世纪 70 年代，德、英、法、美等欧洲国家采用不同的方法确定避雷针的保护范围，这些方法分别采用了圆柱体、圆锥体、特殊圆锥体等方法确定避雷针的保护范围。

对地闪电的闪击对象与闪电中最后一级梯级先导对地面物体电场的影响，以及地面物体的相对高度、形状、导电特性等有直接关系，还和下行先导中电荷分布、电场强度、先导运动状态、空气介质特性、气流状态等有密切联系，由于这些状态的不确定性，无法对避雷针的保护范围进行实际计算，保护范围的分析大多是依据实验室内的实验结果。在多年的实践中，人们发现确定的保护范围内的物体也常遭受雷击，开始对实验结果产生疑问，对防雷使用的保护角提出了质疑。并对保护范围的确定进行多次改进，但仍然不能保证保护范围内的物体免遭雷击。不难看出，实验室无法完整地对实际闪电进行模拟，不能真实地反应对地闪电整个过程的变化状态。

我国 GBJ 57—1983《建筑防雷设计规范》标准中使用 300、450、600 的圆锥体的方法确定保护范围，按照此标准，避雷针越高，保护范围越大。但事实上并不是如此，许多高耸的铁塔或建筑物的避雷针不但不能按圆锥体实现保护，往往被保护体的中部和下部也会遭受雷击。因此，巴黎的埃菲尔铁塔上，其中部还架设了向外水平伸出的避雷针，以防止从侧面袭来，即绕过铁塔顶部避雷针的雷击。

在国际上，至今没有统一过保护角确定的方法，不同国家采用不同的方法确定避雷针的保护范围。实际上，由于避雷针的作用不仅仅和高度及与被保护物体间的相对位置有关，还和下行先导位置及状态有关。为了反映人们认识上的提高和克服以往的方法所确定的保护角存在的问题，经过多年实践与积累，创造了"滚球法避雷针保护范围计算法"。从 1980 年起，世界上大多数国家采用滚球法确定避雷针的保护范围。

滚球法是国际电工委员会（IEC）推荐的避雷针等接闪器的保护范围计算方法之一。这一方法已被世界上一些国家作为国家防雷规范采用。在滚球法中，球的半径对应于一定峰值电流的闪击距离。滚球法示意图如图 2-1 所示。图中球滚动于可产生上行先导的接地物体，包括避雷针、避雷带及可以将雷电流泄入地下的金属体和钢筋混凝土建筑等表面，所形成的圆弧段与以上物体表面形成的区域为保护区。发展中的下行先导不会进入保护区，因其在此前它已经到达滚球相接处的接地体引起的向上先导。在图 2-1 中，P 为滚球法确定保护范围，P_1 为采用圆锥体的方法确定保护范围，显然，滚球法确定保护范围比圆锥体法确定保护范围要小得多，处于保护区范围内遭雷击的概率可降至一很小的值。

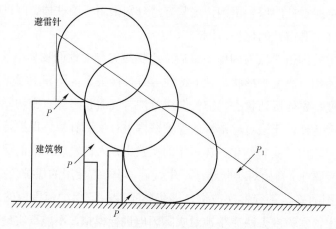

图 2-1　滚球法示意图

我国 1994 年颁发的新的国家标准 GB 50057—1994《建筑防雷设计规范》引用了国际标准中的滚球法。标准中对于不同的防雷等级规定了不同的滚球半径，分为 20、30、45、60m 四个级别，分别适用于不同的防雷要求。防雷要求相对比较低的建筑，可采用较大的滚球半径，这时所确定的保护区范围较大，保护区内的物体存在被雷击的概率高。要求高的建筑，采用小的滚球半径，其保护区的范围小，保护区内的物体遭受雷击的概率更小，安全性更高。

滚球法更多地体现了下行先导作用方向及状态的影响，所确定的保护区远远小于以前方法所确定的保护区。标准认为，超过滚球半径部分的任何其他物体得不到有效保护。应该注意的是滚球法的确定不仅仅取决于避雷针，而且还取决于避雷带、建筑物中其他接地体或具有将雷电流泄入地下的结构，这些都是近代建筑中常用的防雷结构。

如果迎面先导的产生仅和先导中的电荷有关，可将先导电场分布近似地视为球形分布电场，则滚球法是非常合理的，但根据雷击时闪击点确定分析，地面电场和先导及整个闪电通道中所有电荷都有关系，当然，距离地面较远的通道电荷影响会比较小，距离较近的通道电荷的影响还是不可忽略，所以滚球法仍存在一定的局限性，但到目前为止滚球法仍应该是最合理的一种方法。

标准中对于不同的防雷等级规定了不同的滚球半径。而对于闪电本身，先导中电荷密度及电荷量越大，电场能量越大，接近地面时，其对地面影响的距离越大，相对应的闪击距离越大，相反则闪击距离越小。通过滚球法作图也可以看出，滚球半径越大保护区的范围越大，所以大能量的闪电先导，其电场分布区的半径大，对地面物体电场影响的区域大，滚球半径越大，确定的保护区范围越大。相反地，先导能量越小，对地面物体电场影响的区域小，滚球半径越小，确定的保护区的范围越小。所以，小能量的放电容易形成"绕击"，即闪击时更容易绕过地面物体的最高点而发生在物体的侧面。

应该特别注意，闪电发展受影响的因素太多，任何偶然因素都会改变闪电状态，更何况一些资料中介绍的球雷，更是"无孔不入"，根本不受任何直击雷防护措施的影响。因此，通常的直击雷防护措施并不能完全避免保护区内的被保护对象不再遭受雷击。防雷实践表明，任何方法确定的保护区，保护区内的被保护对象仍然有遭受雷击的可能，只是所确定的保护区范围大，遭受雷击的概率就会大一些。确定的保护区范围越小，遭受雷击的概率就会更小一些。

2.1.2 架空避雷线

电力系统中的高压输电线路跨越距离长，最容易遭受直接雷击，引发停电事故。显然，通常的避雷针是无法对这样的长距离输电线路进行防雷击保护的。在高压架空输电线路上方架设架空避雷线，在对地闪电即将发生时，利用避雷线的引雷作用将下行先导吸引到避雷线上，从而使输电线路免遭直接雷击，这样的避雷线称为架空避雷线。

输、配电线路架设在雷电频繁广阔的原野、山区等复杂地形区，为减少和避免线路遭受直接雷击，架空避雷线广泛应用于高压输、配电线路的直击雷防护。避雷线架设在高压输电导线的上方，是最好的长距离输、配电线路防直接雷击措施。

避雷线是由悬挂在输电线路上方的水平导线、接地引下线和接地体组成。水平悬挂的导线用于直接接受雷击，起接闪器的作用。水平悬挂的导线还和接地引下线及接地体连接，共同将雷击电流引入地下，泄放雷击电流。避雷线设置在被保护输电导线的上方，能提供与避雷线长度相等的线路保护长度，其工作原理与避雷针相似，也是通过避雷线周围的电场畸变吸引下行先导，将雷击引向自身。但避雷线对周围电场的畸变效果不如避雷针，因此，其引雷效果一般不如避雷针。

架空避雷线的保护原理和避雷针类似，对地闪电向地面发展接近输电线路时，距离输电导线上方的架空避雷线最近，感应的电场最强，避雷线上的感应电荷最容易激发上行先导拦截对地闪电。

2.1.3　避雷带及避雷网

各种房屋及工业和民用设施等建筑，是人类活动最频繁的区域，直击雷防护显得尤其重要。受建筑物造型或施工等条件限制，一些建筑不便直接使用避雷针，可在建筑物上设置避雷带或避雷网来防止直接雷击危害。避雷带和避雷网的工作原理也和避雷针相似。在许多情况下，采用避雷带或避雷网来保护建筑物，既可收到良好的保护效果，又能降低工程造价，因此在现代建筑物防雷设计中得到非常广泛的应用。

避雷带是由圆钢或扁钢做成的带状体，安装在建筑物易受直接雷击的部位，如屋脊、屋檐、房顶、房屋四周的边缘处等。避雷带也通过接地引下线和大地保持良好的电气连接，当闪电的下行先导向建筑物上安装的避雷带发展时，避雷带率先接闪，承受直接雷击，并通过引下线将强大的放电电流引入大地，从而使建筑物得到保护。这是一种对建筑物上易受雷击的部位进行重点防护的有效措施，目前已广泛应用于现代建筑和古建筑的防雷保护，图2-2为建筑物顶避雷带的设置情况。

避雷网实际上就是将纵横交错的避雷带连接在一起，在建筑物上设置避雷网可以实施对建筑物更全面的防雷保护。避雷网的设置有明敷和暗敷两种形式。明敷是在建筑物顶层屋面上以一定密度的可见金属网格作为接闪器，沿其四周或外墙做引下线接地。由于明敷避雷网影响建筑物外观，同时也会增加建设投资，因此实际中很少使用。暗敷避雷网目前使用得非常广泛，暗敷避雷网一般为笼式结构，结构中将金属网格、引下线和接地体等部件组合成一个立体的金属笼网，将整个建筑物内部结构包裹金属笼网中。而整个金属笼网全部或绝大部分敷设在建筑物结构内，这样既不影响建筑物外观，又可减少建设投资。这种笼式避雷网可以全方位地接闪，保护其中的建筑物及建筑物内人员及设备，它既可防止建筑物顶部遭受雷击损坏，又可防止建筑物侧面遭受雷击损坏。

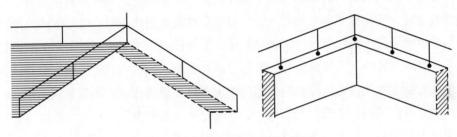

图 2-2 建筑物顶避雷带布置图

避雷网结构本身实际上就相当于一个法拉第笼，因此，它还具有电磁屏蔽和均衡对地悬浮电位两种功能。一方面笼式避雷网能够对闪电引起的放电电流产生的暂态脉冲电磁场起到屏蔽作用，使进入建筑物内的电磁干扰受到削弱；另一方面，笼式避雷网还能够对雷击产生的暂态电位升高起到电位均衡作用，使建筑物内不同部位的暂态对地悬浮电位处于基本上相同水平，使建筑物内不同部位处于等电位状态。这一状态对于保护建筑物内设备人员安全非常有利。避雷网已广泛应用于现代微电子技术的通信、计算机、自动控制等系统中，对于雷电危害非常敏感、最容易遭受破坏的设备的雷电危害防护中。其中最容易造成设备损坏的有雷电流在设备不同部位或各种元、器件之间形成的异常电位差。笼式避雷网是安装此类设备的建筑物最常用、最有效，也是必不可少的雷电防护措施。

笼式避雷网对雷电危害的防护效果和笼体的大小及网格的尺寸有关，笼体小且网格尺寸越小，其防雷效果越好。对于安装了防雷要求高的重要设备的建筑物，其网格尺寸应严格地按有关防雷设计规范来确定。

通常，笼式避雷网常直接利用建筑物内金属结构部件或钢筋混凝土中的钢筋作为避雷网，这样可减少建设投资。但应该注意的是所有金属结构部件或钢筋都应可靠连接,防雷要求高的建筑最好都进行焊接。其次,建筑物外部的所有外露的金属部件,如旗杆、爬梯、各种管线等都应与避雷网可靠连接。

由于笼式避雷网结构复杂,施工难度大,对于一般的防雷要求,采用避雷带就能够满足要求,只有在对防雷有特殊要求的重点防雷设施,如爆炸物仓库、重要微电子设备机房等才需采用笼式避雷网。建筑物防雷设计技术规范中,对不同建筑物防雷等级进行了规定,并对直击雷防护措施提出了不同要求。

2.1.4 其他直击雷防护措施

对于一些重要设施,如油库、火药库、火箭发射场等,为减少雷电危害,在建设选址时,应选择在雷电少发地区。根据全球雷电观测资料,通常低纬度地区的雷暴日普遍高于高纬度地区,潮湿地区的雷暴日高于干旱地区;大陆上的雷暴日高于海洋;另外,不同地区的气象部门都有该地区的雷电观测资料,重要设施的选址应参考有关雷电观测资料,避免将重要设施建设在雷电高发地区。

同时根据观测,地形、气流对对地闪电的形成影响很大,甚至地质结构对对地闪电也有影响。如戈尔德评述英国的雷电移动和地闪频数时提到:"在英国锋面雷的盛行方向是由西南向东北。这种走向的山谷中,在谷底的电力输电线路要比沿山顶架设的输电线路更易遭受雷击。在与云的运动方向呈直角的山谷中,山顶上的输电线路要比山谷中的输电线路易受雷击。"也有资料提到闪电易落到那些土壤中存在不连续的地方,如地质断层、露出地面的岩层、河岸、地下泉以及埋藏的管道等。但在观测资料中,地形、气流地质结构对对地闪电的形成影响情况比较复杂,但当地的观测资料可提供有价值参考,选址时应充分考虑这样的影响。

2.2 雷击危害防护技术

富兰克林发明的避雷针可以针对特定的被保护对象进行有效的防直击雷保护。但此后不久,人们就发现即使安装了避雷针的建筑,仍然会发生因闪电引起的雷电事故,并因此怀疑富兰克林的避雷针的实际作用。直到现代,一些非专业人员仍然以为安装了避雷针,应该万事大吉,就不会受到雷电危害,产生这样错误的认识是因为人们没有意识到雷电危害的两个方面。雷击发生时,雷电不但会对遭受直接雷击的人、牲畜、建筑物、各类设施、设备等产生严重危害,还会对雷电流流经的地方和闪电形成的电磁辐射传播区域中的人、牲畜、建筑物、各类设施、设备等产生危害。

因此雷电危害防护也应包括两个方面，其中最重要的是采取可靠措施尽可能地避免被保护对象，如人、牲畜、建筑物、各类设备、设施等遭受雷电产生的对地闪电的放电。同时还必须针对雷击时，雷电流的各种物理效应和闪电的电磁辐射形成的雷击危害，采取相应的防护措施，才能有效地防止雷电危害，真正保证被保护对象在雷击发生时不受雷电的危害。

遭受雷击后，对被雷击物体或设备造成危害的形式主要有电流型、电压型、功率型和信号干扰等几种。影响被雷击物体或设备危害程度的主要是在被雷击物体或设备上形成的雷击过电压、雷击过电流幅值、功率及干扰信号的大小。雷击过电压和雷击过电流幅值越大，功率及干扰信号越大，造成的危害越大。

无论雷击发生在被保护对象上还是发生在避雷针上，雷电产生的强大放电电流将通过雷击点经被雷击的被保护体或避雷针入地。被雷击的建筑、设备及需要保护的物体总会存在一定的阻抗，这种强大放电的入地电流会在流经的部位形成电压降，并在被雷击的建筑、设备及需要保护的物体的不同部位形成很高的电位差。雷击时出现的这种异常电压和电流称"雷击过电压"和"雷击过电流"，它们都会对遭受雷击的物体或设备造成很大危害。

另外避雷针本身遭受雷击后，通过避雷针的放电电流，也会在流经避雷针不同部位时形成很高的电位差，并且在电流入地时，在避雷针入地点周围地面形成很高的跨步电压。雷击形成的极高电位差及跨步电压，均会对被雷击的建筑、设备及需要保护的物体及接近或处在雷击点附近的人、牲畜和设备等造成危害。因此即使安装了避雷针，人们还必须考虑雷击发生后，如何采取进一步的防护措施，减少和降低雷电造成的损害。电位差和跨步电压会对接近避雷针的人员和牲畜造成危害。为避免这种危害，主要措施是隔离，在避雷针设计和安装时，避雷针必须远离人员、牲畜活动频繁的区域，必要时可加防护围栏进行隔离。

建筑物的避雷带、避雷网的引下线也应避免设置在人员活动频繁的部位，必要时也应采取有效的隔离措施。

在雷雨天气，为防止雷电危害，人员和牲畜等应注意不要进入避雷针和避雷带，以及避雷网引下线的附近区域。同时要避免将人行通道、各种人员活动区设置在避雷针和避雷带，以及避雷网引下线的附近区域。

2.2.1　雷击过电压、过电流（侵入波）的危害

随着现代科学技术的发展，导电金属材料的应用日益广泛。电力生产和电能输送过程中，金属导线将各种电力设备连接在一起，构成巨大的电力生产、输送和分配网络。在电力应用过程中，金属导线又将电力用户、电能使用设备和电力生产输送网联系在一起。联系各类电力、电气设备的导电线路几乎深入到人类活动的所有空间。

在对地闪电发生时，形成的过电压和过电流会通过导电线路侵入与之连接的所有电气设备，这样通过导线传输的过电压波和过电流波称为侵入雷电波，对设备造成的危害称为雷电侵入波危害。

在电力及其他工业、农业、国防、科学技术等行业的电气设备及家用电器中，都有大量的金属导体。不同的导体，甚至同一导体的不同部位在正常情况下是都在不同电位（电压）下工作。所以不同导体或同一导体的不同部位需用绝缘材料进行隔离，使它们始终处于绝缘状态，才能维持设备的正常运行。如电力系统中，三相导体处于不同的三相电压和相对地电压的作用下，故要采用绝缘材料将三相导体之间及每一相的导体对地之间进行隔离，即绝缘。即使变压器的同一绕组的每一匝线圈的导线都处于不同的工作电位，因此，绕组中不同匝之间也需要用绝缘材料进行绝缘。一旦这种绝缘状态破坏，电力设备就不能正常工作，甚至导致设备损坏和系统停运的重大事故。雷电对电力设备和系统的危害表现为一种新的形式，即雷击过电压对设备绝缘的击穿损坏。

各种电气设备的绝缘都是按一定的耐受电压水平设计的，超过一定的电压后，其绝缘就会被击穿而破坏，为了设备运行安全，必须对超过设备绝缘能够耐受的过电压加以抑制，将过电压限制在设备绝缘能够承受的水平以内，避雷器就是一种这样的过电压抑制装置。安装避雷器后，在雷击发生时，避雷器对与设备连接的导线侵入的雷击过电压的幅值进行限制，避免雷击过电压对设备绝缘的危害。

2.2.2　避雷器

使用避雷器对电力设备进行雷击过电压保护时，避雷器都是设置在被保护设备附近，连接在侵入波进入设备的线路端和地之间，与被保护设备并联，如图2-3所示。在系统正常运行时，作用于避雷器两端的电压为系统的相对地运行电压，根据绝缘配合要求，避雷器动作电压高于系统运行电压，在此电压下，流过避雷

器的电流很小，避雷器的存在不会影响系统正常运行。如果雷击过电压波通过线路侵入，避雷器两端的电压就会升高，当避雷器两端电压达到避雷器动作电压时，避雷器动作，向大地泄放雷电电流，将雷电过电压限制在设备绝缘能够承受的正常范围内，从而使被保护设备上的电压始终处于最大允许范围内。

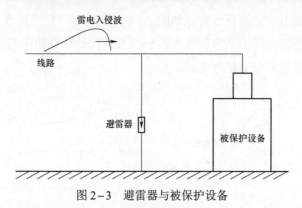

图 2-3　避雷器与被保护设备

电力系统中常用的避雷器类型主要有阀式避雷器、磁吹避雷器、管型避雷器和氧化锌避雷器等。其中氧化锌避雷器因为具有良好的保护特性，更广泛地得到应用，已经取代了其他类型的避雷器。

避雷器并联于被保护设备附近，为了使设备能够得到可靠的防雷保护，并且不影响设备的正常运行，避雷器应具有以下基本特性：

（1）理想的伏秒特性。雷击作用下形成的过电压是一种短暂的冲击过电压。在冲击电压作用下，绝缘材料的绝缘强度是和电压作用时间有关的，电气设备在冲击电压作用下的绝缘强度是以伏秒特性，即以击穿电压值与击穿放电时延之间的关系特性来表示的。当受到雷电作用时，与被保护设备并联的避雷器应能够率先动作限压，保护设备安全，这一要求可以通过避雷器与设备之间的伏秒特性配合来实现。图 2-4 是避雷器与设备之间的伏秒特性曲线，在图 2-4（a）中，避雷器的伏秒特性曲线 2 不平坦，随时间变化下倾严重，曲线中有较大一段高于被保护设备的伏秒特性曲线 1，使得波头时间较短（波头时间小于 t_1）的雷电过电压作用下设备绝缘会首先击穿，而避雷器不能发挥保护作用。在图 2-4（b）中避雷器的伏秒特性曲线虽然全部位于被保护设备的伏秒特性曲线的下方，但由于其特性曲线下倾严重，在 $t > t_2$ 部分低于系统的最高运行电压曲线 3，因此在系统正常运行时就会发生误动，影响系统正常运行。

通过图 2-4（a）和图 2-4（b）可以看出，避雷器的伏秒特性曲线既要整体地低于被保护设备的伏秒特性曲线，又要高于系统的最高运行电压，且伏秒特性曲线应平坦，因为较平坦的伏秒特性曲线既满足高压系统的最高运行电压，又低于被保护设备的伏秒特性曲线的要求，实现理想的特性配合，如图 2-4（c）所示。实际中，设备的绝缘强度和避雷器的伏秒特性都有一定的分散性，因此各自的伏秒特性应处于一定的范围内，如图 2-4（d）所示。要实现理想的特性配合，避雷器的伏秒特性曲线的上限应低于被保护设备伏秒特性曲线的下限值，而其下限值则应为高压系统最高运行电压。

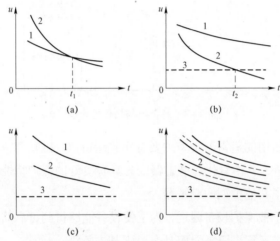

图 2-4　避雷器与设备之间的伏秒特性曲线
（a）曲线 1；（b）曲线 2；（c）曲线 3；（d）曲线 4
1—被保护设备的伏秒特性；2—避雷器的伏秒特性；3—系统最高运行电压

（2）较强的绝缘强度自恢复能力。在雷电过电压作用下，避雷器开始动作导通后，就形成了相导线对地的近似短路状态。由于雷电过电压持续时间很短，当避雷器两端的过电压消失后，系统正常运行电压又继续作用于避雷器两端，在这一电压作用下，处于导通状态的避雷器中会继续流过工频接地电流，即工频续流。工频续流的存在一方面使导线对地短路状态继续维持，系统无法恢复正常运行，另一方面也会使避雷器自身受到损坏。为此，避雷器应具有较强的绝缘强度自恢复能力，应能在雷电过电压消失后，工频续流的第一次过零时自行切断工频续流，恢复系统正常运行。

2.2.3　氧化锌避雷器

近年来，氧化锌避雷器在电力系统中的应用已经取代了其他各型避雷器。氧化锌避雷器的核心部件是氧化锌压敏电阻阀片，以氧化锌（ZnO）为主，适当添加氧化铋 Bi_2O_3、氧化钴 Co_2O_3、二氧化锰 MnO_2、氧化锑 SbO_3 等金属氧化物。加工成颗粒状混合搅拌均匀，然后烘干压制成工作圆形盘片，经高温烧结制作而成氧化锌阀片。阀片表面喷涂一层金属粉末铝粉，侧面应涂绝缘层釉。然后将阀片按照不同的技术条件进行组合，装入瓷套内密封。由于氧化锌阀片具有优异的非线性特性，所以氧化锌避雷器不用像以往的避雷器那样串联间隙。

氧化锌阀片具有优异的伏安特性，氧化锌压敏电阻阀片伏安特性如图 2–5 所示。在正常系统电压作用下，氧化锌避雷器阀片呈高阻状态，流过避雷器的电流可低于 $10^{-5}A$。当有过电压作用时，阀片立刻呈现低阻状态，将能量迅速释放。此后即恢复高阻状态，迅速截断工频续流。

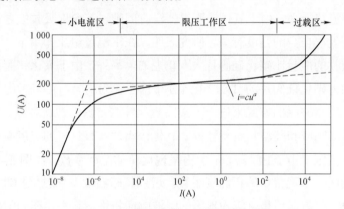

图 2–5　氧化锌压敏电阻阀片伏安特性

氧化锌避雷器具有以下性能：

（1）无间隙、无续流。由于在正常运行电压作用下氧化锌避雷器中的电流极小，不必装串联间隙，不存在工频续流问题。在雷电过电压作用下，氧化锌避雷器只吸收过电压能量，不吸收工频续流能量，因此能减轻动作负载，同时对避雷器所在系统影响甚微。在大电流重复冲击作用后，氧化锌阀片的特性稳定，变化极小，且具有耐受多重雷过电压作用的能力。

（2）保护可靠性高。氧化锌避雷器在 10kA 下的残压水平虽然与碳化硅避雷器相当，但氧化锌阀片的伏安特性非线性程度高，有进一步降低残压的潜力，尤其是它不需间隙动作，电压稍高于动作电压即可迅速吸收过电压能量，抑制过电压的发展。如图 2–6 所示，氧化锌避雷器的保护效果明显优于碳化硅避雷器。

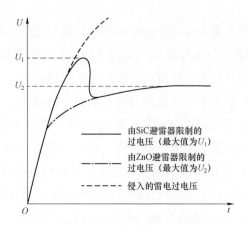

图 2-6 氧化锌避雷器的保护效果

（3）通流容量大。由于氧化锌避雷器没有间隙，其允许吸收能量不受间隙烧伤的制约而仅与自身的强度有关。研究表明，在雷电过电压作用下，氧化锌阀片单位体积吸收的能量比碳化硅阀片大 4 倍左右，另外，由于氧化锌阀片残压的分散性小，约为碳化硅阀片的 1/3，电流分布特性较为均匀，可以考虑通过阀片并联或整支避雷器并联的方式来进一步提高氧化锌避雷器的通流容量。

（4）温度响应和陡波响应特性好。氧化锌阀片具有良好的温度响应特性，在低电流密度范围（小于$10^{-3}\,\mathrm{A/cm^2}$）内呈现出负的温度系数，如图 2-7 所示。在高电流密度区，呈现很小的正温度系数，可以忽略温度变化对保护性能的影响。此外，氧化锌避雷器还具有较为理想的陡波响应特性，它不存在间隙放电的时延问题，仅需要考虑陡波下伏秒特性的上翘特征，而这种上翘特征性要比碳化硅阀片低得多，如图 2-8 所示，因此对陡波过电压的保护效果得到了明显的改善。

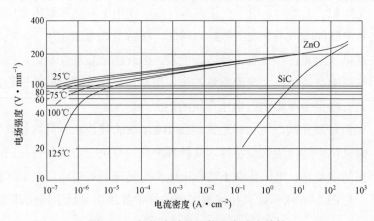

图 2-7 氧化锌避雷器的温度响应特性

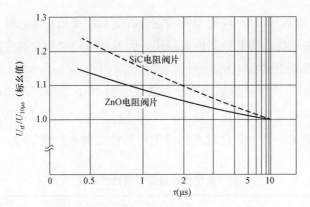

图 2-8　氧化锌避雷器的陡波响应特性

氧化锌避雷器的主要电气参数如下：

（1）额定电压 U_r。额定电压是指允许加在避雷器两端的最大工频电压有效值。这一参数是按电网单相接地条件下健全相最大工频过电压来选取的，并通过动作负荷试验和工频电压耐受特性试验进行校核。在额定电压下，避雷器应能吸收规定的雷电过电压能量，其自身特性基本不变，不发生热击穿。它是表明避雷器运行特性的一个重要参数，不等于系统标称电压。

（2）持续运行电压 U_c。持续运行电压是指允许长期连续加在避雷器两端的工频电压有效值。氧化锌避雷器在吸收过电压能量时温度升高，限压结束后避雷器在此电压下应能正常冷却而不致发生热击穿。避雷器的持续运行电压一般应等于或大于系统最高运行相电压。

（3）起始动作电压 U_{1mA}。起始动作电压是指氧化锌避雷器通过 1mA 工频电流或直流电流时，避雷器两端工频电压或直流电压值，该值大致位于伏安特性曲线上由小电流区向限压工作区转折的转折拐点处，从这一电压开始，避雷器将进入限压工作状态，所以起始动作电压也称为转折电压。

（4）残压。残压是指避雷器通过规定波形的冲击电流时，其两端出现的电压峰值。残压越低，避雷器的限压性能越好。

（5）荷电率 η。荷电率表示氧化锌阀片上的电压负荷，它是避雷器的持续运行电压幅值与直流起始动作电压的比值。荷电率的高低将直接影响避雷器的老化过程。当荷电率高时，会加快避雷器老化，适当降低荷电率可以改善避雷器的老化性能，同时也可提高避雷器对暂态过电压的耐受能力。但是荷电率过低也会使避雷器的保护特性变坏。选择避雷器需要考虑稳定性、泄漏电流大小和温度对伏安特性影响等因素，针对不同的电网确定合理的荷电率值。荷电率一般取45%～75%或更高，在中性点非有效接地系统中，因单相接地时健全相上的电压幅值较高，所以应选择较低的荷电率。

（6）压比 K。压比是指氧化锌避雷器通过 $8/20\mu s$ 的额定冲击放电电流时的残压与起始动作电压之比。压比越小，表明通过冲击大电流时的残压越低，避雷器的保护性能越好。国产氧化锌避雷器的电气特性参数见表2-1。

表 2-1　　　　　　　　　　国产氧化锌避雷器电气特性参数

系统额定电压（有效值）（kV）	避雷器额定电压（有效值）（kV）	系统最高电压（有效值）（kV）	持续工频电压（有效值）（kV）	工频参考电流（峰值）（mA）	工频参考电压（峰值）（kV）	陡波冲击残压峰值（kV）		操作冲击残压（峰值）电流2kA波头30μs（kV）	雷电冲击残压（峰值，8/20μs）（kV）		
						波头1μs	波头0.5μs		5kA	10kA	20kA
110	96 100 108	126	73	2	148	262 273 295	275 286 309		222 232 250	238 248 268	255 266 278
220	192 200 228	252	140	2	272 283 322	524 546 622	549 573 652	414 431 491	443 462 565	476 496 565	510 532 602
330	288 290				407 410	725 730	768 774	578 582	618 622	665 670	712 716
500	420 444 468	550	318	3	594 628 662	1045 1095	1097 1149 1222	826 875 920	894 937 996	950 995 1059	1026 1075 1143

2.3 防雷接地技术

防雷与接地是一个统一的整体，无论是对直击雷的防护，还是对雷击过电压和过电流的防护，总是需要将雷电流传导入地。没有良好的接地装置，各种防雷措施就不能发挥令人满意的保护作用。接地装置的性能将直接决定防雷保护措施的实际效果。由于接地技术所涉及的用途很多，一般不仅有防雷接地，还有用于其他目的的接地，且实际工程上几种接地又相互关联，防雷接地主要考虑的是雷电危害防护为目的的技术要求。

电气、电子设备在运行过程中，为了确保设备及整个系统的正常运行，同时为了避免各种过电压、过电流对设备和人员的危害，需要将电气、电子设备及整个系统的某些部分与大地相连接。这些连接是通过设置接地体来实现的。接地装置是埋入地下的接地体和接地连线的总和。接地体分为自然接地体和人工接地体两类，通常，自然接地体包括与大地接触的各种金属构件，金属井管、金属管线（应注意易燃液态和气体输送管道除外）、建筑物钢筋混凝土基础等；人工接地体由人工专门为接地敷设的垂直接地体、水平接地体和地网。

虽然相对整个雷暴电场能量，每一次对地闪电的能量并不是很大，但闪电时间很短，释放功率很大，因此对地闪电具有很大的破坏作用。显然，最明智的办法是将闪电能量引入地下。避雷针、避雷线、建筑物上的避雷带的作用就是将闪电的能量引入地下的接闪器，它们都必须接地，限制雷电过电压的避雷器、雷电浪涌器等也必须接地，通过接地体把雷电放电电流泄入大地，这种接地称防雷接地。可靠的接地和良好的雷电流散流条件是雷电危害防护对接地装置的基本要求。

防雷接地在泄放雷电流的过程中，接地体向土壤泄散的是高幅值的快速冲击电流，流散过程中，会在流经的区域形成很高的暂态电压降，在区域内形成一定的电位分布，区域内不同点之间就会出现很高的电位差，并形成放电。在人员、牲畜接触到这样的放电时，就会产生危害。当这种放电发生在区域内的设备和其他需要保护的对象上时，就会对设备和需要保护的对象发生所谓"反击"，造成危害。为避免这种情况的发生，对防雷接地装置的性能也有必要的技术要求，其主要的性能参数是这种接地装置的"接地阻抗值"，习惯上常称接地电阻。

同时，不同地方、不同设备和系统对雷电危害防护的要求也不一样，对接地的要求也不相同。一般情况下，对于人员的雷电危害防护，可将接闪装置设置在远离人员活动的区域或加设防护围栏，这时接地装置只要满足有关规程规范要求即可；强电系统（电力生产和输电网中），电压等级高的设备本身的绝缘性能比较好，具有较高的抵御雷电危害特性，对防雷接地的要求不会那么苛刻，电压等级低的设备绝缘性能会低一些，抵御雷电危害的能力较弱，对防雷接地的要求有时反而会高一些。

微电子元、器件构成的设备和装置等弱电系统，它们绝缘性能相对较低，特别是设备中的电子元、器件承受雷电危害的能力很弱。从这个角度考虑，弱电系统的接地要求应更高，对接地阻抗值的要求应更小。高的接地电阻会导致更高的地电位升高幅值和在弱电系统中流过更大的分流雷电流，增加雷电危害的概率和危害程度。而弱电系统的网络往往比较复杂，在每一个可能发生雷电危害的部位都一一设置另外的防雷措施而不发生任何遗漏，难度较大，所以适当降低弱电系统接地装置的接地电阻值，对于弱电系统中的雷电危害防护是有利的。

在雷电危害防护技术设计时，接地电阻的要求应根据系统中过电压、过电流等的保护措施、保护对象特点、现场条件和建设成本等综合考虑。当接地电阻值较高，进一步降低接地电阻值所投入的建设成本较高时，可考虑加强和完善系统中过电压和过电流等危害防护措施。而在现场条件比较好、土壤电阻率较低的地区，应尽可能降低接地装置的接地电阻值。

2.3.1 防雷接地体和接地装置

避雷针的接地体主要功能是将雷击形成的雷电流引入地下，并使雷电流释放的电场能耗损在地中，从而避免雷电危及地表的人、畜及设备、设施。防雷接地的方法是在大地表层土壤中埋设金属电极，这种电极可能是单根金属棒，但为了减小接地电阻，大多数情况下是由一定截面积的金属网构成。

发电厂、变电站等设施的接地有两种目的：① 为电力设备和整个系统的故障电流提供通道，保证电力设备和整个电力系统以及用户的电器等设备的正常运行，保证有关人员的人身安全。② 为了泄放对地闪电形成的放电电流。

发电厂、变电站等设施的接地体又称接地网或接地装置，归纳起来，接地体的功能主要有以下几点：

（1）电力系统中的接地主要是为设备故障电流提供泄放通道，当系统中设备发生短路故障时，故障电流会在故障点形成很高的电压降，危及邻近设备和人员的安全。良好的接地能确保设备故障时其他设备和人员的安全，并在设备故障时为继电保护装置提供故障信号通道。具体又可分为工作接地和安全接地。工作接地和安全接地示意图如图 2-9 所示。

工作接地电力系统由于正常运行方式的需要而设置的接地，如三相输电系统中的中性点接地，如图 2-9 所示，其目的是稳定系统的对地电位，降低设备的对地绝缘水平；利用大地为系统电流提供回流回路。

安全接地是为了防止人们在电气设备的使用和维护过程中，因电气设备绝缘击穿，设备外壳带电而危及人员安全。

（2）防静电接地。在储存易燃易爆物体场所的金属物体产生静电后，往往容易在金属体的尖端、间隙处产生放电。放电时的电火花会点燃易燃物燃烧发生火灾，或将易爆物引爆，引起爆炸事故。因此，对于这些场所（如储油仓库或弹药库等）的所有金属物体均匀应可靠接地。

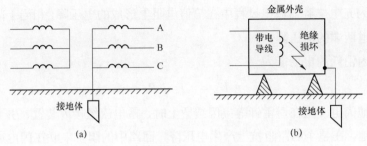

图 2-9　工作接地和安全接地示意图

(a) 工作接地；　(b) 安全接地

（3）防雷接地。防雷接地是将避雷针、避雷针带、避雷线等接闪装置和避雷器、雷电电涌保护器等雷电过电压保护装置直接接地，在雷击时提供闪电电流泄放通道，使对地闪电的能量尽可能地消散在大地中，避免雷击过程中的过电压、过电流对被雷击物体和附近的其他物体造成危害。

闪电发生前，雷暴电场中的能量是以电场能的形式储存在雷暴电场中。对地闪电过程实际上是雷暴对地之间的空气间隙的击穿和雷暴区空间电荷和地表的感应电荷之间的中和过程。雷暴电场形成后，在电场强度最大的区域将首先发生空气击穿，并以梯级形式逐级发展，将雷云到地表之间的整个空气间隙击穿，在这一阶段，闪电能量主要用在将空气间隙击穿。梯级先导随后是回击，梯级先导和回击之间的时间很短，闪电通道内的空气绝缘还来不及恢复，因此通道内的电阻值很小，云中及通道内的空间电荷在通道中流动和地表感应电荷中和的过程中，所受阻力较小，空间电荷具有的电场能消耗在雷电流流过的整个放电通道及通道附近的电场区。

对地闪电过程和图 2-10 所示充电电容器放电过程类似，可用图 2-10（b）的等值电路表示。在图 2-10（a）中虚线区域表示对地闪电通道，回击阶段通道的电阻很小，可用等值电阻 R 表示，虚线以外部分为和闪电有关的电场区，用等值电容 C 表示，闪电发生前，雷云相对于地表之间的电位差等值为电容器两端之间的电压 U_C。和充电电容器放电类似，闪电发生时，闪电电流和雷暴电场及闪电通道的电阻值有关，即

$$i = U_C / R \qquad (2-1)$$

这时，闪电通道两端的电压降等于雷云到地表之间的电位差，即

$$u_R = iR = U_C \qquad (2-2)$$

式中：u_R 为充电电容器放电过程中在等值电阻上形成的电压降，相当于闪电发生在闪电通道两端的电压降。

通道内消耗的电场能为

$$W_R = u_R i = i^2 R \qquad (2-3)$$

当对地闪电发生在避雷针等接闪装置上时，雷电流经接闪装置、引下线及接地阻抗入地，在整个回路阻抗上产生电压降，回路中的阻抗串联在闪电通道电阻上，阻抗包含两个部分，即引下线的阻抗和地中接地体的雷电流流散阻抗。在闪电过程中，雷电流在避雷针等引导闪电入地装置上产生的电压降为

$$u_D = i R_D \qquad (2-4)$$

式中：R_D 为整个接地回路雷电放电电流阻抗。

显然，在雷电流一定时，放电阻抗值越大，电流在放电阻抗上产生的电压降的幅值越大。在放电阻抗值上产生的电压降也分两个部分，即引下线上的电压降和接地阻抗上的电压降。

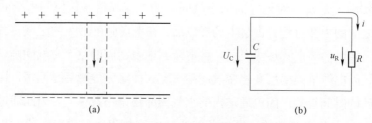

图 2-10　充电电容器放电过程

（a）充电电容器；　（b）电容器放电等值电路

当和避雷器等过电压保护器连接的线路上发生雷击，过电压保护器动作时，雷电流经过避雷器，在避雷器接地点入地，也会在接地阻抗上形成电压降。

由于雷电流的瞬间幅值很大，两种情况下的雷电流都会在接地装置上形成幅值很高的电压降，使原来处于地电位（雷击前为零，雷击发生时为离雷击点无穷远处的地面电位）的接地体及接地体所处的土壤区和地表的电位升高，俗称"地电位升高"。这种电位的变化在接地体和接地体所处的土壤区和地表的不同部位是不同的，不同的两点之间会存在电位差。这种电位差也会形成另一种形式的过电压和过电流，造成雷电危害。这种情况下的过电压即可出现在引下线附近，也会通过导电体引入其他设备或物体，造成危害，其危害形式主要有电位升高形成的侧击和反击。为减少和避免这种危害，应尽可能地降低雷电流泄放回路及接地

体中的接地阻抗。

避雷器等过电压保护器在运行过程中也必须可靠接地，它的保护特性才能得到保证。

2.3.2 防雷接地电阻（阻抗）

防雷接地阻抗是表征接地体向大地泄放雷电流特性的一个基本物理参数，在防雷接地设计中占有十分重要的地位。

从接地体向大地泄放电流的类型来看，接地电阻可分为直流接地电阻、工频接地电阻和冲击接地电阻。在一般情况下，接地体的直流接地电阻值和工频接地电阻值差别较小，而直流接地电阻值、工频接地电阻值与冲击接地电阻值则有较大的差异。在工作接地和安全接地中所涉及的是工频接地电阻，而在防雷接地所涉及的则是冲击接地电阻。

雷电流幅值很高，当雷电流流经接地体向土壤中泄散时，接地体附近的土壤电流密度很大，这些区域的电场强度会很高，当电场强度超过土壤承受程度，即达到土壤的击穿场强时，接地体附近的土壤中会发生电击穿，形成一定范围的击穿区。在击穿区内，土壤的电阻率急剧下降，导电性能显著增强，这相当于接地体尺寸增大，因此接地体的冲击接地电阻会减小。当接地体泄散的雷电流幅值增大，其冲击接地电阻也会进一步减小。所以接地体的冲击电阻值是随接地体泄散的雷电流幅值变化而变化的。

相对于雷电流，接地体或接地装置的导流特性应该是冲击电流作用下的特性参数，而电阻一般表示稳定电流作用下的特性参数。早期的接地体接地阻抗测量采用接地绝缘电阻表，测量反映的值实际上是直流电阻值，所以习惯上将反映接地体引流特性的量称接地电阻。后来在电力系统中，进行发电厂、变电站中的大型接地装置的引流特性试验时，采用工频电源，测量的是工频接地阻抗值。冲击电流作用下的冲击接地阻抗需用冲击电流源来测量，而且测量值和测量电流幅值、波形等都有关。小电流情况下测得的阻抗值和实际雷电流作用下的阻抗值差别很大。在现场采用近似于雷电流幅值和波形的冲击电流进行接地阻抗测量的难度非常大，一般情况下是无法进行的。但是，直流接地电阻或工频接地电阻和冲击接地阻抗之间存在一定的对应关系，所以实践中，是用直流接地电阻或工频接地电阻间接地衡量接地装置的雷电流引流特性。

放电电流由接地体向土壤中泄放如图 2−11 所示。在图 2−11 中，雷电流经接地体向地下泄放。由于大地为非理想导电体，土壤有一定电阻率，电流将在土壤中形成电场。电流在接地体附近的密度很大，随着离开接地体的距离增加，电流密度逐渐减小。土壤中的电流密度、电场强度和电阻率之间的关系为

$$E = \rho J \tag{2-5}$$

式中：E 为土壤中的电场强度；ρ 为土壤电阻率；J 为土壤中的电流密度。

雷击发生时，在距离接地体无穷远处，电流密度 J 为零，电场强度亦为零，也就是说在无穷远处电位才为零，这是理论上的零电位，相对于这一理论上的零电位点，接地体附近的电位可表示为

$$U = \int_r^\infty E \, \mathrm{d}r \tag{2-6}$$

式中：U 为接地体电位；r 为电位点到接地体的距离。

接地体附近电位随距离的变化曲线如图 2-12 所示，它们是两条随距离衰减的曲线，这两条曲线关于接地体成轴对称。实际中，在距离接地体 20m 远的地方，电位已衰减接近于零，所以工程上把距离接地体 20m 的地方认为是零电位点。根据接地体电位，其接地电阻可定义为

$$R_{\mathrm{g}} = U / I \tag{2-7}$$

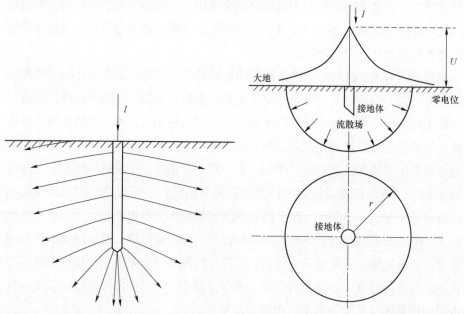

图 2-11 放电电流由接地体向土壤中泄放 图 2-12 接地体附近电位随距离的变化曲线

2.3.3 防雷接地装置接地电阻的技术要求

接地体的接地电阻是大地电阻效应的总和，它包括三个部分，即接地体与其连接线的电阻、接地体表面与土壤的接触电阻和土壤的散流电阻，在这三个部分中，金属接地体及其连接线的电阻值很小，一般可以忽略不计。影响接地电阻值的主要是土壤电阻率，埋设接地体的作用就是确定地中电流起始散流的几何边界，以接地体自身的形状和尺寸来影响接地电阻值。接地体与土壤接触面越大，接触越紧密，就越有利于电流从接地体表面向土壤中泄散，接触电阻部分的值就越小。另外，土壤自身的电阻率越小，其散流性能就越好，散流部分的电阻值也就越好。由式（2-7）可以看出，当注入接地体的电流一定，接地电阻值越大，则接地体的电位差越高，这时接地体附近不同区域的电位差越高，这将危及进入接地体附近区域人员的安全和区域内设备的安全，这就是为什么要尽可能采取措施来降低接地电阻的缘故，在防雷设计中，降低接地电阻值，常常是一个备受关注的问题。

对于雷电危害防护，要求的是雷电冲击电流作用下的阻抗值，在实际中，由于冲击阻抗的测量比工频阻抗测量的难度要大得多，在现场几乎难以实现。所以，在工程上常常将接地体的电流流散特性用直流电流和交流电流作用下测量的"接地电阻"乘以系数 α 作为防雷接地体的雷电流流散特性，即雷电流作用下的冲击电阻为

$$R_{\mathrm{ch}} = \alpha R_{\mathrm{g}} \qquad\qquad (2-8)$$

式中：R_{ch} 为冲击阻抗；R_{g} 为工频电流作用下的阻抗；α 称为冲击系数。

采用扁钢、合适的敷设方式和长度，可减小接地体的电感，增大其分布电容，减小接地阻抗值；金属体和土壤的接触面越大，有利于电流流散，采用扁钢作为接地体的材料，增加金属体的总长度，都可增加接地体和土壤的接触面，降低接地阻抗值；土壤电阻率对接地阻抗的影响最大，因此，土壤电阻率越小，接地阻抗值会越低。但土壤对接地阻抗的影响不但与土壤自身的电阻率有关，还和雷电流的幅值有关。当雷电流的幅值很大（数十千安）时，雷电流在土壤中流散过程中，会在部分区域中形成很高的电场强度，当这一电场强度超过土壤的耐电强度时，土壤中就会出现强烈的火花放电，这一效应将大大降低接地阻抗值。因此，雷电流作用下的接地阻抗显然不是一个常数。

有时为了简便分析，也常常直接用直流电流和交流电流作用下测量的接地电阻表示防雷接地体的接地电阻。

作为防直击雷措施的避雷针、避雷针带、避雷线等接闪装置和雷击过电压危害防护的避雷器、雷电电涌保护器等保护装置必须可靠接地。显然，为防止雷电流泄放过程中引起的地电位升高造成反击危害，接地体（接地装置）的接地电阻值越小越好，从这个角度考虑，在防雷设计时应尽可能地降低防雷接地体的接地电阻。但减小接地体的接地电阻往往要涉及增加接地体建设的投资。

接地体的接地电阻值应根据雷电危害具体情况，并结合其他防雷措施综合考虑，不同的防护对象，对接地电阻的要求是不同的。如建筑物上的避雷针（带）等接闪器接地，其总防护作用主要是针对雷电对建筑物结构的破坏，雷电对建筑物内及建筑物周围活动的人员造成的危害，雷电对建筑物内设备设施等造成的危害等。其中防止雷电对建筑物本身结构破坏，对接地电阻值不会有太高的要求；防止雷电对人员的危害，除对接地电阻值提出要求外，更重要的是要对接闪器、引下线等采取一定的隔离措施，如将引下线进行隐蔽设置或设置隔离网等。而对于建筑物内的设备、设施的防护，除要求有尽可能低的接地电阻值外，还需要针对设备、设施的特点采取侵入波防护措施；特别是建筑物内安装有由各种电子器件构成的弱电设备，它们的耐雷水平都很弱，若按这类设备的雷电危害防护要求，接地体的接地电阻值可能就会非常低，对于这类设备，必须针对设备特点，结合其他防雷措施，防止雷电危害。这时如果一味地根据设备要求降低接地电阻，不一定奏效，而且还可能无谓地投入大量资金。

在有关防雷的技术标准中，综合各种情况下的防雷要求和建设投资等，针对不同保护对象的雷电危害情况和防雷要求，对接地体的接地电阻值做出了具体规定。

雷电流在达到接地体前，要流经接闪器的接地引下线入地。雷电流在引下线上也会产生电压降，在接近引下线附近的人员、设备等之间形成电位差，从而导致侧击放电形成危害。因此，也必须考虑这种情况下的危害防护。其主要措施是隔离，应避免将引下线布置在人员活动频繁的区域，必要时可安装适当的隔离围栏。

由于雷电流是一种冲击电流，其波头时间和持续时间都很短，等效频率很高，所以引下线的阻抗实际上是一种雷电流作用下的冲击阻抗。对于频率很高的雷电冲击电流，影响放电回路阻抗值的主要是电感和电容，等值电感越大，阻抗值越大，而等值电容越大，阻抗值越小。通常情况下，扁钢的电感比圆钢的电感小，所以，为减小引下线和接地体的阻抗值，避雷针的引下线宜采用扁铁。

在相关资料中都提到，建筑物安装了避雷针、避雷器，也采取了屏蔽措施，但仍然发生了雷击危害，甚至损失巨大。分析其原因主要有：

（1）采取了预防措施，但措施实施时的质量不满足设计要求。

（2）采取的措施未针对被保护设备的特性和要求，选择的预防措施不正确。

（3）实施的措施不完善，存在防雷漏洞，如目前大量存在的微电子设备，对于雷电危害的承受能力非常脆弱。表现形式主要是大电流、高电压和异常电位差等，引起设备中元、器件的放电击穿。雷电时的大电流和高电压容易引起人们的注意，但是设备所在区域由于各种需要，常常会有许多电缆、电源线、通信线、测量信号线及其他各种金属管、线等。雷击发生时，会在雷击区的不同部位形成不同的电位差，这些管、线都是电的良导体，它们会将不同点的电位引至同一设备，在设备元、器件之间形成异常的电位差，引起对设备及设备中的元、器件反击放电，引发事故。

预防此类事故发生的最好办法是等电位连接，在需要保护的设备区敷设导电性能良好、具有一定截面积的铜排，作为微电子设备的等电位连接线，然后再和防雷接地体连接，这样可有效预防此类事故的发生。目前，这一方法已经广泛用于实际中。

（4）一些易燃、易爆物品储存区，都已按要求采取了雷电危害防护措施，但雷击造成的重/特大事故却也常有发生。值得特别注意的是，在易燃、易爆物品存放区，最容易引发大火、爆炸事故的是雷电过程产生电火花。一些存在引起电火花的因素，常常容易在防雷设计中被忽视，在施工过程中容易产生，在日常管理中不太引起重视。

在雷电发生时，瞬间变化的强电流、高电压会通过传导、感应、辐射等各种方式向四面八方传递，这种传递可谓"无孔不入"。处在易燃、易爆物品储存区的导电体，如果没有良好接地或存在间隙，就会因雷电作用，在不同导体之间形成电位差，在导体的间隙之间产生火花放电，引发事故。而且越是小的间隙也越容易引起火花放电。

因此，在储存易燃、易爆物品的油罐、仓库储料场等区域，建筑物中使用的金属材料，防雷设计敷设的地网、引下线，存放、输送易燃、易爆物品金属管线、构架，易爆物品本身的金属构件等，均应可靠连接或接地，即在易燃、易爆物品存放区，不允许存在悬浮的金属导体和金属导体之间的间隙。

3 ↘

雷电对人体的危害及防护

人类对雷电的恐惧除了闪烁耀眼的闪电、震耳欲聋的雷鸣外，主要是雷电会对人体造成危害和伤亡。

在地表，强烈的日光使地表不断升温，地表附近的空气不断吸收热量，温度上升，体积膨胀，气压降低，地表附近的低气压在大气中开始上升，从地面蒸发的水汽随气流在大气中上升运动，将成千上万吨水汽输送到大气中，在高空形成云。同时，由于大气中存在大气电场和空间电荷，富含水汽的气流在大气中上升运动时，形成气流电动势向云中输送空间电荷，在云中聚集大量电荷形成雷暴电场，这种存在雷暴电场的云，称为雷雨云，当云中的雷暴电场达到一定强度时，便导致雷雨云内或雷云到地表之间的空气放电，并发展成闪电。

夏季，人们常常会遇到这样的景象，本来天气晴好，碧空万里，突然一阵大风刮来，天空中风起云涌，乌云翻滚，瞬间便电闪雷鸣，暴雨倾泻而下。暴雨中，人们匆忙地躲避大雨，由于躲避方式不得法，时常有人被闪电击中，造成人身伤亡。在全球范围内，每时每刻都有雷电击中人和牲畜的灾害发生。地球上离赤道越近，太阳辐射越强烈，那里的气流上升运动越旺盛，越容易形成雷暴。所以赤道附近地区是雷电的多发区，全年雷暴日约为100～150天，那些地区也是雷电造成人身伤亡最多的地区。印度尼西亚是多雷区，差不多全年都有雷电发生，雷击事故不断。1994年12月1日，苏门答腊岛楠傍省一个甘蔗种植园中的一间棚屋在暴雨中遭雷击，棚屋中避雨的24名工人中有5人被雷电击中，当即死亡，另有8人被烧伤。我国长江以南地区全年雷暴日约为40～80天，云南、贵州、广东、广西和海南岛地区的雷暴最多。这些地区雷电伤亡事故也频频发生。20世纪70年代，广东从化一个农场发生雷击，当场死亡15人。1991年8月11日，广东神山镇 4 名农妇在屋檐下避雨时遭雷击，造成二死二伤的悲剧。据美国一份资料统计，1970～1983 年，美国全国就有 1154 人死于雷击。我国每年因雷电伤亡的人数为 10 500 人左右，而大量牲畜的意外死亡中，雷击造成的占 80%。

根据雷电致人死亡的资料发现，雷击现场的环境各种各样，有的是被击于旷野中的树下，或郊外茅草棚、工棚内；有的是在野外旅游帐篷内，或游泳、划船过程中；有的是在户外作业，如铁道巡道、山间探矿、盐业操作时；有的是在暴雨中正行走在高大建筑物下，甚至有的人是在装设有避雷针的室内遭遇雷击。尽管人身遭遇雷击危害的情况各有不同，但是雷电对人身造成危害的类型大致相同。

在早期的人类社会中，雷电发生时，人们常常在高大的树木和建筑物下躲避，雷击树木或建筑物时，人并没有直接遭受雷击，却常常造成人员伤亡。

3.1　雷电对人体的危害

雷电对人体的危害主要发生在雷击过程中，有因雷电流流经人体造成的伤害，但也有因雷电引起火灾、建筑物倒塌等二次效应造成人员伤亡。

雷击对人体危害的主要形式有直接雷击、接触雷击、旁侧闪击和跨步电压等。显然，在这几种情况下，都会有雷电流流经人体，由于雷电流流经人体的部位、电流的强度、电流维持的时间不同，雷电对人体的危害程度也会不同。

3.1.1　直接雷击对人体的危害

如果人体被闪电直接击中，绝大部分情况下闪电电流将全部经人体入地，这种情况称为人体受到了"直接雷击"。被雷击的人体对地电阻一般较大，雷电流在人体上可以形成很高的电压降，对人体造成危害。

有人对人体遭受直接雷击时的情况进行了分析，假定人体电阻为 1000Ω，当雷电流幅值为 1000A，雷电流在人体的头到脚之间形成的电压降达 1000kV，在大多数情况下，整个过程的持续时间可能不会超过十分之几秒。这种电流在很短的持续时间，并不一定对人的肌体直接造成大的损伤，一般可能仅仅是引起心脏纤维性颤动，呼吸停止，这就是为什么受到雷击后的人有的还活着的原因。

人体遭受直接雷击时的电流情况和雷击发生时人体所处的环境，如空气湿度、温度等，以及人体状态，如穿戴的衣服、皮肤上的水分、汗液等有很重要的关系。一般条件下，遭雷击后，衣服上可发现有烧灼痕迹，在极少的情况下，也可能发生燃烧。当电流通过身体皮肤表面时，皮肤上的水分、汗液变为气体，产生的压力可将衣服撕破。有时会在衣服或皮肤上留下树枝状的"电花纹"，这就是发生过表面闪络的证据。

根据对地闪电发展规律和雷击危害现场调查结果，可把直接雷击对人体危害的特点归纳如下：

（1）人体皮肤、肌肉被水淋湿的衣服等都不是良好的绝缘体。在雷暴电场中，处于地面突出位置的人体电场最集中。在对地闪电的下行先导接近地面时，地表感应电荷容易在人体汇集激发上行先导，诱发对地闪电。当人体携带导电的金属物体时，在雷暴电场中，金属物体更容易聚集高密度的感应电荷，对地闪电接近地面时，金属物体上的感应电荷更容易被下行先导电场激发向上的上行先导，吸引闪电，使人体成为对地闪电的闪击点。

（2）在雷暴电场中，人体表面放电的电场强度约为 250kV/m，人体诱发闪电后，雷电流流经人体有两种情况：① 人体表面皮肤电阻率比较低时，瞬间的雷电电流主要经人体表面入地，雷电对人体的危害主要是皮肤表面灼伤。② 雷电流流经人体表面时，会形成一定的电压降，当雷电流比较大时，形成的电压降的值会增加，人体的肌肉组织会分流，流过人体肌肉组织的电流会增大，这时雷电流会对人体体内神经、心脏等组织产生影响，造成人体停止呼吸或心脏停止跳动。

（3）一般情况下，不管人体的姿势如何，但由于附近的雷击所引起的跨步电压不会致人死命，雷击所引起地面上的表面闪络，会使坐或躺在其路径上的人体烧伤或暂时瘫痪。

3.1.2 接触雷击对人体的危害

有两种情况会发生接触雷击：① 当人体触摸的物体，特别是铁塔等导电物体遭受到雷击时。巨大的雷电流会在人站立的地面和触摸部位之间产生很高的电位差，这种电位差作用在人体上，人体就会对雷击物体的雷电流分流，部分雷电流就会流经人体，对人体造成危害。比较多的接触雷击是人体的手接触到遭受雷击的物体，如建筑物的接地引下线、金属管道、用电器的接地线和大树树干等。② 暴露在大气空间中的未接地金属，如旷野工棚上的金属屋面、悬空的金属线等导电体，会在雷暴电场中因静电感应带上静电荷，当附近区域发生对地闪电时，区域中的雷暴电场急剧变化，导电体上的感应电荷来不及释放，它们和地面之间会出现很高的电位差。这时如果人体接触到带电的导电体，也会发生电击危害。这也是一种发生在雷击过程中的危害，但人体并没有直接遭受雷击，而且人接触的金属体也未遭受直接雷击。

显然，接触雷击只有部分雷电流在人体上通过，有时会造成人体短暂麻痹，有时也会造成昏倒甚至死亡，但总的来说，接触雷击对人体的伤害要比直接雷击轻，但接触雷击发生的概率比直击雷击高。

当人体触摸到物体时，物体上发生了雷击，人体就要承受雷电流在接触点到人体站立的地面之间形成的电压，由此造成危害。有记录描述：两个妇女正在一棵高大的云杉树下避雨，闪电突然击中了那棵大树，当时一个人（遇难者）是背靠树站着，她的衣服并未损坏，但是在头右边有 4cm×4cm 的一撮头发被烧焦了，变成了灰色。在这块皮肤的当中，有像擦伤的痕迹，大小约 0.5cm×0.8cm。在对应的树干上树皮被烧坏很长一条，宽度为 4～6cm，是从树顶开始一直到离地面约 158cm 的地方，正好和死者的高度相同。另一妇女当时正用右手扶住那棵树，她失去知觉约 10min，她的下肢有 2～3h 不会动，而且没有知觉，身体以及脚上都有烧伤，经过治疗后就出院了。以上事件中，那位幸存者是受到了接触电压，而遇难者受到的是旁侧闪络。

还有一次是发生在室内的接触电压事故：一位妇女正在从自来水龙头放水给她孩子喝时，一个霹雷使电流沿水管而流入，她先被雷击倒在地上，人们问她是否受伤时，她还说："没有，但是我的眼睛一点也看不见了。"但几分钟后她便死了。那个妇女摸着水龙头时，正巧闪电打下来，这是一件很明显的因接触电压引发的事故。一般来说，发生因接触电压造成的危害概率要比直接雷击危害高得多。

3.1.3 旁侧闪击对人体的危害

旁侧闪击和接触雷击的共同点是雷电没有直接击中人体，而是发生在人体附近的物体遭受雷击的情况下。由于物体遭受雷击时，雷电流经被雷击物体入地，在物体上形成了电压降。物体上雷电流流经的不同部位之间会存在电位差，不同部位相对于地面也会存在电位差。当处在地面上的人员的身体接近该物体时，物体任何部位和地面之间的电位差超过空气放电电压时，物体就会对人体放电造成危害。

旁侧闪击和接触雷击不同的地方是发生接触雷击时，人体的某个部位已与遭受雷击的物体直接接触。而发生旁侧闪击时，人体并没有直接接触被雷击的物体，只是在该物体的附近，由于雷电流使被雷击物体的对地电位升高，人和物体之间的电位差增大引起空气间隙击穿放电。

当一棵树受到雷击时，从地面到树下避雨人的头顶高度的这一段树干的电阻约为几千欧姆，而这时避雨人实际处于地面电位。雷电流在沿树干流下时，从地面到人头顶高度的这一段树干的电位差可能大于树干到人头部之间的空气间隙的击穿电压值。有报告中提到两次类似的雷击事故，一次在美国，一个十岁男孩被雷击，有人看到他正在骑自行车时受到了雷击。男孩被人抱起来时已失去知觉。他的头上有一小块地方被烧伤，头发也烧焦了，左脚后跟上起了一个泡，这可能是电流流出地方的痕迹。另一次在荷兰，一个士兵骑车经过一棵树时被雷击中了。随后他回忆当时的情况像挨了一拳狠击，他曾看到"一道火光迅速向他射过来"，自行车把"带了电"，他的皮肤完好无损，没有烧伤的痕迹。前面的男孩是经过抢救才复活过来的，而后面的士兵仅仅失去知觉 15min 就好了，也没有经过急救。这可能因为电流路径没有经过他的头部，也可能自行车把手对雷电流分流，减小了流经人体的电流，这些都大大减小了对人体的影响。

接触雷击中提到的暴露在大气空间中的未接地导电体会在雷暴电场作用下因静电感应而带电，在附近区域发生对地闪电时，导电体和地面之间会出现很高的电位差，当这种电位差足够高时，即使人体未接触导电体，导电体的高电位也会对人体放电造成危害。这时人体和导电体都没有直接遭受雷击，人体也未接触到导电体面。

图 3-1 所示的就是从对地绝缘的金属上产生的旁侧闪击。一个人在一间波状铁片屋顶的木结构棚子里避雨，当闪电先导发展到附近时，金属屋顶电位升高到 u_2，可表达为

$$u_2 = u_1 \frac{C_1}{C_1 + C_2} \tag{3-1}$$

式中：C_1、C_2 分别为金属屋顶和闪电及金属屋顶和地面之间的电容。

式（3-1）中的电压与电容如图 3-1 中所示。当回击开始时，即使屋顶未遭受雷击，屋顶与人头之间的电位差也可能大得足以使屋顶与人身之间发生闪络。曾有过这样一个报道，一个男人站在一块锌板下避雨，脚上穿着一双底上有金属平头钉的靴子，踩在潮湿的土地上，附近发生的雷击把离地 18m 处的两行落叶松打坏，并烧了附近的一对干草堆。这人的上衣和衬衫都被烧坏了。他的后背和右腿的皮肤有大面积的烧伤，左脚上的靴子几乎完全损坏。

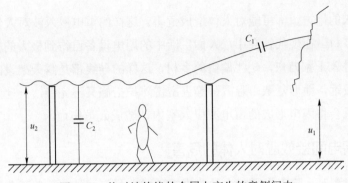

图 3-1 从对地绝缘的金属上产生的旁侧闪击

3.1.4 跨步电压危害

当雷击地面物体时，雷电流通过物体泄入大地，由于土壤有一定的电阻率，电流就会在土壤中形成电压降，在物体周围的地面形成不同的电位差，一个人如果站在雷击点附近，他两脚之间就会存在一个电位差，习惯上称"跨步电压"。这时跨步电压为

$$u = i\frac{\rho}{2\pi} \times \frac{s}{d(d+s)} \tag{3-2}$$

式中：i 为雷电流幅值；ρ 为土壤电阻率；s 为一个跨步的步长；d 为雷击点到靠近该点的那只脚之间的距离。

对于人体来说，这一电位差作用在人的两只脚之间，形成的电流是通过两只脚和躯干的下部，很少有电流流过心脏或大脑，因此，因跨步电压而导致死亡的情况极为罕见。

曾有资料描述了发生在跑马场的一个事件，当雷打在跑马场的围栏上时，电流沿栏杆流散，许多人触电摔倒在地，他们想移动两脚可是就是站不起来，51人被送进医院，其中 20 人需要住院治疗，所有这些人都述说腿痛。在法国的另一次事故中，人们正在礼拜时遇到了雷击，教堂里所有站在潮湿石板上的人都跌倒了，有几分钟的时间站不起来，好像瘫痪了一样。而那些站在唱诗班席中橡木地板上的人都安然无恙。显然这是因为他们站在与地绝缘的橡木地板上的缘故。

3.1.5 侵入波对人体的危害

雷击发生时，在雷击物体上的雷击过电压波会沿导电的金属导体转播，这种雷电波侵入的地方，都可能对人体造成危害。这样的雷电侵入波对人体的危害主要发生在乡村。在现代社会中，人们生活中的用电设备已得到极大的普及，各种导电线路进入千家万户，一些偏僻的乡村，这样的导线都是露天架设的，而且架设距离比较远，地形复杂，避雷针等直击雷防护措施又不完善，一旦导线遭受雷击，导线就会将闪电形成的雷电波引入室内，造成人员伤亡。

3.1.6 雷电间接效应对人体的危害

雷击发生时，除直击雷的电效应直击造成人员伤亡外，常常还会引起森林大火、建筑物倒塌、易燃物仓库起火、易爆物仓库爆炸，间接造成人员伤亡。这样的情况也常有发生，而且一旦发生，往往会造成重大人员伤亡。

3.2 雷击对人体产生的生理影响

人体直接遭受雷击时，雷电流在人体上形成的电压降最大可达 1000kV，如此高的电压首先是导致人的头部到地面之间的空气间隙瞬间击穿，造成人体表面闪络，大部分雷电流通过击穿的空气间隙放电，流经人体内的电流一般很小。雷电造成危害的物理效应是电压效应和电流效应。其中电压效应主要是物质微结构的破坏，其宏观现象就是所谓的电击穿，强大的静电力将物质的微观粒子撕裂。电流效应则表现为电流流过介质，在物质的介质阻力作用下转换为热能，使物质的温度升高，造成危害的是电流的热效应。

雷击人体引起危害效应也有两种情况，即人体组织被破坏和人体机能受到干扰，二者均能造成人员伤亡。人体组织被破坏主要是由于雷电流的热效应直接造成，表现为皮肤烧伤、红肿、血斑身体局部疼痛等。当雷电流强度特别大时，电压效应也会对人体造成危害，这时遭受直接雷击的人体局部会出现烧伤的孔洞、肌肉损伤等，有些在雷击时并未发现损伤，但日后会发现肌肉溃烂。但通常情况下，形成这样的损伤时，雷电的电压效应和电流效应同时存在。

后一种情况主要是由雷电的生物效应引起的，人体遭受雷击时，人体机能受到严重干扰，从而导致人体短暂的意识丧失、呼吸停止、心跳纤维性颤动、心跳停止等。分析认为雷电的生物效应应该和电力作用的传递有关，当雷电流直接流经人体的神经中枢时，会干扰神经系统人体生命信息的传递，影响人体正常机能的进行。

雷击发生时，伴随雷击会有很强的电磁辐射，这种电磁波会在所有的物质空间中传播，也会在人体内传播。人体正常机能受神经中枢控制，人体机能的调节、协调信息应该和电磁力的传递有关。当雷击发生时，雷电形成的强电磁波会使人体机能受到干扰。

雷击时，当人体遭受轻微的电击时，人体会有麻木的感觉，这和人体不小心碰到硬物时的感觉相同。两种情况都是力的作用形成的，不过一种是机械力，一种是电力对人体肌肉挫伤产生的作用，干扰了神经系统的信息传递，人体的局部区域传递到神经中枢的信息异常，所以人体感觉麻木。电击强度增加，感觉麻木的区域会增大，这时人体意识仍然会保持清晰，但遭受电击部分的肢体已不受人的意识支配；更严重时，人体中受中枢神经支配的人体功能受到严重影响，引起一系列的人体功能紊乱甚至停顿，如人体意识丧失、呼吸停止、心跳纤维性颤动、心跳停止等，并因此引起人体生理功能不能正常进行而导致二次损伤甚至死亡。

雷击时，雷电的生物效应一般持续的时间并不长，如果雷击不严重，一段时间后，各种反应会随着时间的推移逐渐消失。但是，如果雷击严重，引起了呼吸停止、心跳纤维性颤动、心跳停止，没有及时救治，就有可能引起死亡，这时已不是雷电的直接效应的作用了，而是因雷电对人体机能的干扰未及时恢复引起的。

3.2.1 呼吸停止

电击对呼吸的影响可能有两种情况：① 电流被切断后呼吸仍旧停止。② 通过人体的电流可能使胸部肌肉收缩，因而阻碍了呼吸运动。对于后一种情况，只有当电流通过人体一段时间后才有这种现象。由于雷电流通过人体的时间也不过十分之几毫秒，所以在这样短的时间内停止呼吸的影响可以忽略不计。

强有力证据说明，只有当雷电流通过图 3-2 中位于脑下部的呼吸中枢时才会出现这种症状。1961 年，拉维茨（Ravitch）报道了一次事故，受害者遭到雷击，雷电流从头顶流到左脚后跟而使呼吸停止。人工呼吸差不多

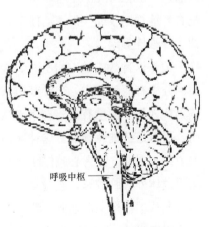

图 3-2　呼吸中枢在脑部的位置

进行了两天才苏醒（虽然这是可能的，但在本例中，恢复自然呼吸之所以经过了这样久，也可能是出现了并发症）。

在一篇极有价值的工频电击事故报告中描述了一个受害者触到 22kV 的高压。电流从前额的触电点流入，然后从手脚流出，触电人立即停止了呼吸，经过约 8h 的人工呼吸抢救后，才苏醒过来。

以上事故中，电流都是从接近头顶的某一部位和躯干流到肢体上去的，因此都会经过呼吸中枢。对于通过人体呼吸中枢而能使呼吸停止的电流强度，没有这方面的报道。有人用兔子进行实验，50Hz 的电流从兔子的头顶通到后颈，发现当电流从 200mA 增加到 500mA，电击时间从 5s 增加到 330s 时，兔子中不能自动恢复呼吸的比例有所增加。也有人以冲击电流通过兔子的头部，发现使兔子呼吸停止而致死亡的最小能量需 14J，即约 5.5J/kg。

3.2.2 心脏纤维性颤动

为了完成沿循环系统泵血的功能，心脏有两个主要泵血室，一个使血液周身流转（左心室），一个使血液流经肺部（右心室）。两个心室的后壁都是由肌肉组成的。所以这些肌肉纤维都同时收缩。因而在两个心室里产生足以使血液循环的压力。

人体遭受雷击后，雷电流通过心脏时，心脏肌肉纤维间的协调性可能遭受干扰。心室不能按正常规律收缩和舒张产生压力泵血，血液循环停止。血液循环停止后，一般在 4min 左右即可导致死亡。若对心室进行观察，就会发现各心室不是有力地规则收缩（即"心跳"），而是呈现一种软弱状态，不规则地抽动，即所谓"纤维性颤动"。

关于这种效应的定量分析，大多数是根据工频交流电进行实验得到的。这方面的分析有两种观点，一种观点认为确定危害程度的电学量是电荷量。另一种观点则认为是与能量有关。有学者认为，一些雷击事故中，仅仅导致了心脏停止跳动，而不是纤维性颤动。这种区别可能在理论上有意义，但对于急救的实际后果来说并不重要，因为心脏停止跳动和纤维性颤动都将使血液循环停止，救护的方法都是体外心脏按压。霍德华在 1966 年用羊进行了一系列实验。他以类似雷电的放电从羊背脊上面通到羊脚。他发现羊的死亡是由于血液循环停止，而并非呼吸停止造成的。这是因为位于电流路径上的心脏受到了影响，而不是脑部的呼吸中枢受到影响。

呼吸停止或血液循环中断是造成死亡的最普遍两个原因。这两种情况都是由于功能的变化而并无组织上的损伤。所以死后检验无法证明发生了哪一种（或两种）情况。对于这一问题很难用实验来证明。雷击造成的后遗症，如烧伤、骨折或其他损伤，都可能导致死亡，这些情况下人往往不会立即死亡，故从生理上说，不认为是雷击直接致死，而是后遗症导致死亡。

3.2.3 致伤引发并发症

雷电事故可能有两种方式使身体烧伤。第一种方式是，雷电流通过身体时，直接由电流的热效应引起的"焦耳烧伤"。第二种方式是，电弧或衣服等其他易燃物着火把皮肤甚至深层的皮下组织烧伤。这种事故中会有火焰或热气产生，有时在一次事故中两种情况并存。

焦耳烧伤或称电流烧伤，是由电流流动时的热效应引起的，它符合电流热效应的各种定律。闪电回击有一个直径约 1cm 的中央核心区，那里的温度瞬间可达 30 000K，但在几十微秒内就会降到相当低的数值。由于高温的持续时间短暂，所以受害者不至于大面积烧伤。然而，还有一些情况，闪电形成的雷电流有一个很长的波尾，在几十毫秒的时间内可能存在几千安的电流。这种情况发生在易燃材料附近时会引起燃烧，电流通过人或动物时，人或动物也会被真正烧伤。

人体皮肤的表面特别是在干燥时，一般对电流都表现有很大的电阻率。电流的串联回路中，电能主要消耗在电阻大的区域。雷电流流经人体时，不管是直接雷击还是旁侧闪击，在电流流入人体和从人体流出点，接触面很小，局部区域中的电阻值相对较大，电流在这些区域形成的热效应更显著。因此，雷击会在这些部位形成皮肤烧伤痕迹，根据这些烧伤痕迹可以确定雷电流在人身体上的电流通路。

3.3 雷 电 危 害 防 护

减少和避免直接雷击对人体的危害，有不同的防护措施，其中最简单、有效的方法仍然是躲避。在以往的雷电危害事故中，绝大部分是由于未及时采取躲避措施或躲避方法不正确引起的。为减少和避免雷电危害，采取的防护措施主要有以下几点：

（1）在雷雨天，人们最好不要外出，待在有一定直击雷防护措施，如避雷针等接闪器的室内。但要注意不要接触和靠近避雷针的引下线，尽可能远离引下线安装区，因为避雷针上发生雷击时，巨大的雷电流经引下线向地面泄放时，会在流经的路径上产生电压降，人接触或靠近引下线时会发生接触雷击、旁侧闪击和跨步电压危害。

乡村的民房一般都没有安装避雷针，在房间内躲避雷电时，一定要注意不要靠近墙壁和烟仓，因为雷击房屋时，雷电流总是沿墙壁流下，在墙壁上产生电压降，人靠在墙壁上或离墙壁太近，也会发生接触雷击和旁侧闪击危害。

雷电频发区的乡村民房，有条件的情况下应装设避雷针，安装避雷针时应注意接地一定要可靠，接地体应设置在水沟、池塘等潮湿的地方，特别注意避雷针安装位置应尽可能远离人员活动区，必要时还应设置防护围栏。

在现代社会中，房屋一般都会有用电电源线、电视天线、金属管道等导电体引入室内。而且在乡村中，这些导电体绝大部分都是以露天的方式暴露在大气空间中，极易遭受直接雷击。在雷击发生时，这些导电线就会将雷电波引入室内。人接触或靠近这些导电线时，会发生雷击造成伤害。当处于这样的房间中，雷电来临时，最好暂时关闭电源和有关设备，断开从外部引入的导电线，并尽可能地远离这些导电线。

房屋结构中存在金属构件时，躲避时应远离这样的金属构件，更不能触摸这样的金属构件。

采用金属材料覆盖的工棚、房屋，如其金属材料有效接地，可成为最好的雷电躲避处，但应特别注意，采用的金属材料未有效接地的工棚或房屋，金属棚顶和地面之间存在一个很大的电容。雷暴临近时，会在金属棚顶产生感应电荷；在附近有雷击发生时，在金属棚顶和地面之间会感应很高的电压，危及工棚或房屋内的人员。金属棚顶发生闪电时，金属棚顶和地面之间的电容将经历一个充电和放电过程，形成的雷击过电压和雷电流的持续时间相对于对地闪电的持续时间延长，对人体的危害更大。同时，当大量的人员处于同一工棚或房屋中时，一旦发生雷击，工棚或房屋内的所有人都可能遭到伤害，造成的危害可能比外面更严重。因此，这样的工棚和房屋不能作为雷电危害的躲避区。

（2）如果雷暴来临时正在野外，则应及时进入有直击雷防护措施的室内。如果来不及进入室内，应尽快根据当时的条件采取合适的躲避措施。

处于没有较高的树木、建筑等其他物体的空旷原野上的人，成为地表处的"尖端"，会变成对地闪电的闪击目标。在雷暴来临时处在这样环境中的人，需尽快寻找合适的地方躲避。低洼的地方遭受雷击的概率一般都比较低，因此人们应避免停留在地势较高的位置，及时走到地势较低的地方。

地面上最高的物体最容易遭受雷击，其附近较低的物体便可以因此而受到保护，在旷野中，任何比人体高的物体，特别是被这样的物体包围的中间区，都可成为躲避雷电危害的"安全区"。雷暴来临时，处于野外的人可根据现场情况选择这样的区域躲避雷电危害。

孤立的大树或建筑物最容易成为对地闪电的闪击目标。应尽量避免选择这样的地方躲避雷电。而应选择建筑群包围的中间区，或树林中躲避雷电，并注意不要站在它们中高度最高的建筑物和树下，而站到相对高度较低的建筑物和树林中，避免对地闪电直接击中最高的目标成为接触雷击和旁侧闪击的危害者。

因现场条件限制不得不选择孤立的建筑物、大树躲避雷电时，一定不要直接靠在建筑物或大树上，应站在距离建筑物或大树外一定距离的区域中，其距离最好大于一个人的高度。同时，躲避时应选择站在建筑物或大树的背风面，这样能减少人遭受直接雷击的可能性。

（3）城区的交通工具，如汽车等遭受雷击的可能性很小，处在山区的汽车，其橡胶车轮对地具有较高的绝缘电阻，因雷暴电场感应或雷击车体和地面之间形成很高的对地电压，这对车内人员并不构成危险，但在人上下车时，人的两只脚分别跨在车体和地面之间，电压作用于人体，会对人体构成危害。当然，发生这种情况的可能性很小，但也应引起注意。

（4）在雷暴天气游泳的人，显然人体是水面上的最高点，极容易成为对地闪电的闪击点。在水面游泳的人，在雷暴来临前，应尽快回到岸上躲避雷电。

（5）还应注意的是，雷雨天在空旷的地面行走时，手持雨伞、钓鱼竿、高尔夫球杆及其他金属材料制作的物件，在雷暴中会因静电感应带电，聚集静电荷，更容易诱发向上的迎先导，吸引闪电，引发雷击。因此，人们应特别注意雷雨天尽量避免携带金属物件在野外行走。

有资料中提到采用绝缘鞋防止直接雷击，这是不可取的。因为是否遭受雷击，并不取决于鞋的绝缘电阻和人体处的静态电场强度，而是是否会在人体处诱发上行先导。对地闪电向地面发展时，到最后一个梯级时，对地面上相对高度最高的物体上的电场影响最大，处于地面上的人如果明显高于其他物体时，人体相当于是一个地面尖端，因此，先导引起的电场变化并不是按距离的三次方成反比变化，而是比这样的计算值大得多。同时，当人穿上绝缘鞋后，人对地形成一定的电容，在雷暴电场中，人体会感应一定的电荷，闪电向地面发展时，在人体形成的电场变化是脉冲变化，容易对这样状态下的人体诱发上行先导，一旦形成上行先导，在回击阶段，人体和绝缘鞋上承受的将是雷云到地表之间的电位差中的一部分，它就可能是一个很大的值。

同时，即使闪电不发生在人体上，只要人体附近的物体上发生对地闪电时，遭受闪电（雷击）的物体上会形成很高的电位升高。在穿绝缘鞋的人体和遭受雷击的物体之间的电位分布是按电容分布的，其值也足以造成人身伤害。

因此到目前为止，对于人体防直接雷击的措施，可能仍然只能是采用远古人类的办法——躲避，但值得重视的是，躲避的方法一定要得当。

3.4　雷电危害救护

雷击致人死亡的最主要原因，一种是电流流经心脏致使心室纤维性颤动，心脏失去供血功能造成全身缺血、缺氧而死亡；另一种是雷电流流经脑下部的呼吸中枢时，使呼吸中枢麻痹失控，引起呼吸停止，造成全身缺氧致死。这种由于雷击造成的心室纤维性颤动和呼吸中枢麻痹往往是暂时性的，如果雷击后能继续维持血液流通和供氧，这些功能是有可能自行恢复的。当雷击后，受害者因心脏停止跳动而不能供血，或肺部停止呼吸不能供氧，而其功能并没有完全丧失，这种情况实际上是一种假死。如果没有及时的外部支持，使受害者体内能够继续得到供血和氧气供给，假死就会发展为真死。相反，如果通过外界帮助使受害者血液继续循环，呼吸系统继续工作，受害者就能渡过难关，心室纤维性颤动消失，呼吸中枢麻痹得到恢复，受害者就能得救。

3.4.1　人工呼吸

人工呼吸是利用人工的力量帮助暂时停止呼吸者进行的被动呼吸，使人体继续得到氧气，排出二氧化碳，同时刺激呼吸中枢，达到恢复自主呼吸的目的。

对于停止呼吸的人，要及早进行人工呼吸抢救，越早越好，因为人脑缺氧超过十几分钟就有致命的危险。特别注意人工呼吸的时间可能很长，持续几个小时甚至一两天才能有效，因此一定要有耐心。

常用的人工呼吸法有三种：口对口吹气法、仰卧人工呼吸法和俯卧人工呼吸法。人工呼吸方法如下：

（1）抢救时必须将停止呼吸者移到空气流通的地方，松开衣扣、腰带，注意避免受凉。

（2）清除停止呼吸者口中的痰液、血块、泥土和假牙等。

（3）必要时用纱布将舌头拉出，防止舌头堵塞呼吸道，将停止呼吸者的头偏于一侧，以利口内分泌物流出。

（4）人工呼吸要均匀而有节奏，以每分钟12～15次为宜。

（5）人工呼吸必须连续进行，不可中断。如果人工呼吸的时间过长，可由数人轮流操作。

（6）绝不可使停止呼吸者坐立。

（7）施行人工呼吸时，可以通过肌肉或皮下注射兴奋剂，如25%尼可刹米 1～2ml 或苯甲酸钠咖啡因 0.5g。

（8）停止呼吸者有极其微弱的呼吸时，人工呼吸应和其自主呼吸节奏相一致，不可相反。

（9）呼吸恢复正常后才能停止人工呼吸，但应仔细观察呼吸是否再次停止。如呼吸再度停止，则应再继续施行人工呼吸。直至受害者已经完全恢复自主呼吸后才能停止人工呼吸。

（10）只有被雷击者身体出现尸斑后确实证明已经死亡，才可放弃人工呼吸。

3.4.2　心脏按压

呼吸、心跳是人体最重要的两种生命活动。如果呼吸停止，氧气供应中断，废气无法排除，即使心脏未停止跳动，也会因缺氧而很快停止跳动。同样，如果心跳先停，呼吸尚存，氧气也无法输送到全身，二氧化碳不能运出，呼吸也会很快停止。所以，如果受害者发生心跳停止，还要尽快对停跳的心脏采取急救措施，即同时进行体外心脏按压。

体外心脏按压就是用人工的方法帮助心脏复跳，恢复血液循环的一种简便方法。心脏的前方有胸骨、肋软骨和肋骨，心外有心包，使心脏不易向周围移动。由于胸骨和肋骨之间是肋软骨，使前胸富有弹性，用力按压胸骨下部时，能使胸骨下陷2～3cm，从而挤压心脏，把血液挤压出去。当压力除去时，下陷的胸骨由于两侧肋骨支持而恢复原来位置，心脏因除去压力而又处于舒张状态，促使静脉血液回流心脏。所以，肋骨下部受到一压一松而收到心脏"收缩"和"舒张"的效果。但是，心脏解剖表明，心脏是位于胸部的正中偏左，如果压迫左胸则不但不易挤压心脏，而且容易压断肋骨，造成人为的损伤。因此，心脏按压的正确部位应是胸骨下部，而不是胸骨左侧。

体外心脏按压方法如下：

（1）让受害者仰卧在木板上才能使心脏按压取得良好效果，如果躺在柔软而富有弹性的床上，按压效果会差一些。

（2）救护人员在受害者一侧，双手重叠地放在前胸的正中，相当于胸骨下 1/2 处，约在两乳头连线的中点处。

（3）用力向下挤压，有使胸骨下陷的感觉，一般以下压 2～3cm 为宜，然后松开。如此反复有节奏地进行，每分钟 60～80 次。

一般认为，当按摩效果较为满意时，在受害者颈动脉或股动脉处可摸到搏动。

注意事项：

（1）心脏按压与口对口吹气应同时进行，做一次口对口吹气接着挤压心脏 4～5 次。

（2）挤压心脏力量的大小应依据受害者健康与发育情况确定。如身体健康，发育良好，力量宜大些；对于幼儿，不宜用力过猛，一般只用大拇指挤压即可；儿童和瘦弱者一般用一只手挤压，避免胸骨过分下陷。

（3）挤压心脏的动作要稳健有力，速度均匀，用力应在手掌的根部，着力点仅在胸骨下部。用力过猛或挤压范围很大时，都容易引起肋骨骨折。

（4）注意防止因挤压部位过低而将胃内容物压出，并容易误入气管，故应将受害者的头部适当放低（可在背部垫一个枕头），并将头偏向一侧。

（5）在胸部有严重创伤等情况下，不宜采用以上方法时，应由医务人员酌情做开胸心脏按压术。

采用人工呼吸和心脏按压抢救雷击致假死的受害者时，需要时间一般会较长，有时甚至大于二三十个小时才能脱险，千万不要半途而废。参加抢救的人员体力消耗非常大，所以应尽量多动员年轻力壮的人员，以便接力，有条件的应尽快调用人工呼吸机和心脏按摩器参加抢救工作。

建筑物雷电危害及防护

通常，建筑物雷电危害及防护，除建筑物本身结构的雷电危害防护外，更多的是必须考虑雷电引发的燃烧、爆炸等二次效应造成的危害，以及雷电对建筑物内人员、设备、设施及各类物品等造成的危害的防护。

建筑物雷电危害及防护，是针对各类建筑物的雷电危害防护的一个普遍性概念。由于各种建筑物本身结构、建筑物的功能及用途、所处的雷电环境等差异很大，所以本章侧重介绍在建筑物建设过程中，必须对建筑物中可能出现的雷电危害进行防护的一些具体要求。

4.1 雷电对建筑物的危害

早在富兰克林时代，雷电对建筑物及各类设施的危害就已经引起社会的极大关注。那时没有避雷设施的庙宇、古塔、宫殿和教堂等建筑物经常因雷击受损。中世纪的欧洲，数百座教堂遭雷击，造成大量司钟人员伤亡。

在世界工业革命后，雷电对各类军、民用设施的危害事故更频繁，造成的损失也更严重。1926年，美国的新泽西州皮卡提尼武器库发生感应雷引起的大爆炸；1977年7月，德国柏林弹药仓库受雷击，炮弹横飞几个小时，这几次事故的建筑均没有设置避雷针。1992年，澳大利亚墨尔本市一家化工厂因雷击爆炸，导致毒气泄漏。1994年，闪电击中埃及南部某镇的一个军用燃料库爆炸燃烧，造成重大财产损失和人员伤亡。1989年，我国青岛市黄岛油库因雷电引发火灾事故。埃及的阿斯旺坝水库是世界闻名的特大水电站，1990年4月24日20时20分，其输电杆线遭雷击，使埃及全国不同地区停电2～5h。

另外，雷电也常常造成电力系统设备损坏，因而引发大面积停电；造成各类微电子设备构成的测控、管理、通信、科研、武器和大型计算机系统障碍；引发火箭、导弹工程事故等。

雷击建筑物或设施引起的危害可分为三个方面：① 雷电对建筑物本身结构的破坏，这种情况只发生在建筑物遭受直接雷击时。② 雷击过电压或过电流对建筑物内的人员或设备的危害。③ 雷击引起的火灾、爆炸等二次效应对建筑物、人员或设备的损坏，通常情况下后面两种情况下的危害往往要比第一种危害要严重得多。

根据一些历史资料，雷电对建筑物本身的危害主要发生在独立、凸出的老旧和古建筑中。这类建筑高度凸出，在对地闪电发展过程中最容易诱发向上的迎面先导，成为对地闪电的"闪击点"，其遭受雷电直击的概率比其他建筑物高。同时，这类建筑物经长期的自然风化和风雨的侵蚀，建筑物本体结构不可避免地产生孔洞、裂缝及各种空气间隙等缺陷。在雷暴天气中，雨水沿建筑物的破损部位流下，部分雨水会渗透到建筑物的孔洞、裂缝及空气间隙中。而这些破损部位中的孔洞、裂缝及空气间隙中的物质成分一般都会比建筑物表面更复杂。雨水浸湿后，电阻率会明显下降，雷击发生后，雷电流将集中在建筑物破损部位中的孔洞、裂缝及各种空气间隙中。巨大的雷电流使其中的雨水汽化，空气膨胀，区域内的空气压力急剧上升。狭小的孔洞、裂缝等无法承受急剧上升的空气压力，只能通过爆破的方式释放这样的空气压力，从而造成建筑物结构的损坏。如陕西省法门寺在历史上曾因为雷击造成整个塔体半边坍塌。

在现代城市建筑中，一般都有直击雷防护措施，即使遭受雷击，对建筑物本身的损坏不会太严重。主要是雷击过电压、过电流等对建筑物内的人员、设备、储存的物质、材料等形成危害及雷电二次效应产生的危害，因此造成的损失会远远大于建筑物本身的损失。

为一定功能建设的各类设施，如通信枢纽、气象站、大型计算机中心、石油库、弹药库、军事基地和火箭发射场等军、民用设施，一旦遭受雷电危害，造成的损失常常会是异常巨大的。但通常情况下，雷电对各类设施的外部建筑的危害较小，危害主要表现为设施内部设备、装置的损坏，从而造成整个设施的整体功能丧失。

根据对地闪电发展规律及雷电危害效应特征，对于易燃、易爆物品仓库，雷电危害主要是因雷电流的热效应引起，当雷电流引起通道中局部温度急剧上升，温度值达到易燃材料的闪点，或易爆材料的爆炸温度时，就会引起燃烧或爆炸。这种情况特别容易在雷电流通道中的不连续的空气间隙、悬浮金属尖端等部位发生。当雷击泄放的电流通道存在空气间隙时，空气间隙间的电阻值将远大于由金属材料构成的雷电流通道，巨大的雷电流将在空气间隙处形成很高的电压降，直接导致间隙处的空气放电，形成电火花甚至瞬间电弧。而当设施局部区域中存在悬浮金属导体时，雷击中的感应效应会在悬浮导体上聚集大量的感应电荷，在导体的尖端处产生很高的电场强度，并引发空气击穿形成放电。

对于由微电子元、器件构成的电子设备或设施，雷电危害主要表现在：① 通过各种导线、金属管线等侵入雷击过电压或过电流。② 雷击接闪装置形成的地电位升高引起过电压或过电流。③ 接地不良的悬浮金属导体上雷击感应过电压及放电时形成过电流。

4.2 建筑物雷电危害防护

雷电对建筑物的危害主要发生在没有直击雷防护措施的古建筑上。我国对雷电的认识确实比欧洲国家晚。但对雷电现象和雷电危害的关注却远远早于欧洲。从汉代起，历史上不断有人观察到尖端放电的现象。在长兵器的尖端、高耸的旗杆、金属塔刹上，都观察到迸射火光和闪射火星的现象。

根据历史记载，我国历史上很早就有建筑物直击雷防护的意识，在一些高大的古塔、庙宇和宫殿等建筑顶部，常常安装有金属链条和金属装饰物。金属链条和装饰物有些引入地下，有些并未引入地下，而这些安装有金属链条和装饰物的建筑确实少有雷击。

山西应县木塔建于 1056 年，高 67m。其中的铁制的塔刹长 14.2m。塔刹用 8 条铁链分别系于各屋脊加以固定。这一建筑经历了近千年，未被雷电烧毁。葡萄牙来华的传教士安文思在 1688 年前后完成了两本介绍中国文化的著作。在其《中国的十二大奇迹》一书中，他在叙述了中国建筑的特点和渊源后说："屋顶脊吻即龙上的金属条一端插入地下。这样，当闪电落在屋或皇宫上时，闪电就被龙舌引向金属条通道，并直奔地下而消失，因而不至于伤害任何人，人们可以清楚地认识到，这个民族极有智慧。"

显然，安装金属链条和装饰物不完全是为了装饰。如果这样的话，装饰完全可以采用更有装饰效果的其他材料。不过也应该承认，在古代，在人们对雷电流的性质还没有基本认识时，人们对直击雷的防护只能是直观意识，是反复观测后的经验的体现。

根据现代科学理论分析，古代中国建筑物防雷实际上有两种形式：① 类似于富兰克林发明的避雷针，即利用屋顶脊吻即龙上的金属条一端插入地下的方式，将雷电流的绝大部分能量引入地下，减小雷电对建筑物的危害。② 采用有关资料中提到的所谓"绝缘避雷"，最典型的就是山西应县木塔，其塔顶的铁链都系于各屋脊加以固定，并没有引入地下，但也未遭到雷击，其机理在本书的第6章中进行了论述。

现代建筑物及各类设施雷电危害防护分为两个方面：① 建筑物及各类设施本身结构的雷电危害防护。② 建筑物和各类设施中人员、材料、物品、设备的雷电危害防护。其中雷电对建筑物及各类设施本身结构的危害是由直接雷击引起的，主要考虑直击雷的防护，而建筑物和各类设施中人员、材料、物品、设备的雷电危害多为雷电的二次效应，由雷击过电压、过电流等引起，雷电危害防护主要应考虑如何避免雷击二次效应的形成；预防雷击过电压、过电流危害。

4.2.1 建筑物雷电防护等级

雷击建筑物后，建筑物本身会因雷电危害而遭受破坏。在现代建筑物中，不可避免地会有各种电力、通信、测控等导电线路和金属管线引入建筑物，它们都会将雷击形成的过电压和过电流引入建筑物内，对建筑物内的人员、设备、设施及各类物品造成危害。特别是一些储存易燃、易爆物品的大型仓库、重要军用和民用设施，因雷击引起的燃烧、爆炸及设施功能破坏，所产生的影响和危害也会非常严重，造成的经济损失也非常大。所以，建筑物防雷对建筑物的使用显得非常重要，而对于一些重要建筑物，特别是重要军、民用设施的雷电危害防护就显得更为重要。建筑物防雷在建筑设计和建设过程中就必须考虑，所以 GB 50057—1994《建筑物防雷设计规范》中，根据建筑物功能的重要性、发生雷电事故的可能后果、建筑物的结构特点等，将建筑物防雷要求分为三类，并根据这种分类，对不同类别的建筑提出不同的防雷要求。

1. 一类防雷建筑物

（1）制造、使用或储存炸药、火药、起爆药及其他火工品的建筑物。其中炸药包括黑索金、特屈尔、三硝基甲苯苦味酸、硝铵炸药等，火药包括单基无烟火药、双基无烟火药、黑火药、硝化棉、硝化甘油等；起爆材料包括雷汞、氮化铝等；其他火工品有引信、雷管和火帽等。

（2）具有 0 级或 10 级爆炸危险环境的建筑物。其中 0 级爆炸危险环境是指正常情况下能形成爆炸性混合物的区域；正常情况下只在建筑物内局部区域形成蒸气或爆炸性混合气体的区域，其局部区域应定为 0 级；在爆炸环境中，能聚集由气体或蒸气构成的爆炸性混合物的通风不良的建筑物死角或深坑等凹洼处也应定为 0 级。10 级爆炸危险环境是指正常情况下能形成由粉尘或纤维构成的爆炸性混合物的区域。

2. 二类防雷建筑物

（1）国家级重点文物保护建筑物。

（2）国家级的会堂、办公建筑物、大型展览建筑物、大型火车站、国宾馆、国家级档案馆、大型城市的重要给水水泵房等特别重要的建筑物。

（3）国家级计算机中心、国际通信枢纽等对国民经济有重要意义，且装有大量电子设备的建筑物。

（4）电火花不易引起爆炸或不至于造成巨大破坏和人身伤亡的制造、使用或储存爆炸物的建筑物。

（5）具有 1 级爆炸危险环境，而电火花不易引起爆炸或不至于造成巨大破坏和人身伤亡的建筑物。

（6）具有 2 级或 11 级爆炸危险环境的建筑物。

（7）工业企业内有爆炸危险的露天钢制封闭气罐。

（8）预计雷击次数大于 0.06/年的部、省级办公建筑物及其他重要或人员密集的公共建筑物。

（9）预计雷击次数大于 0.3/年的住宅、办公楼等一般性民用建筑物。

所谓 11 级爆炸危险环境是指有时会将积留下的粉尘扬起而偶然出现爆炸性粉尘混合物的环境。1 级爆炸危险环境的建筑物是指正常情况下不能形成，但在不正常情况下能形成爆炸性混合物的场所。2 级爆炸危险环境是指正常情况下不出现爆炸性混合物的环境，或即使出现也仅是短暂存在的爆炸性混合物的环境。

3. 三类防雷建筑物

（1）省级重点文物保护建筑物、省级档案馆。

（2）预计雷击次数大于 0.012/年，且小于 0.06/年的部、省级办公建筑物及其他重要或人员密集的公共建筑物。

（3）预计雷击次数大于或等于 0.06/年，且小于 0.3/年的住宅（办公楼）等一般性民用建筑物。

（4）预计雷击次数大于或等于 0.6/年的一般性工业建筑物。

（5）根据雷击后对工业生产的影响及产生的后果，并结合当地的气象、地形、地质及周围环境等因素，确定需要防雷的 21 级、22 级、23 级火灾危险环境。

（6）在平均雷暴日大于 15 日/年的地区，高度在 15m 及以上的烟囱、水塔等孤立的高建筑物；在平均雷暴日小于 15 日/年的地区，高度在 20m 及以上的烟囱、水塔等孤立的高建筑物。

火灾危险场所分为三个等级，其中 21 级火灾危险场所是指在生产过程中，产生、使用、加工、储存或转运闪点高于场所环境温度的可燃液体，在数量和配置上能引起火灾的场所。22 级火灾危险场所是指在生产过程中，为悬浮状、堆积状的可燃性粉尘或可燃性纤维，不可能形成爆炸性混合物，而在数量和配置上能引起火灾的场所。23 级火灾危险场所是指固体状可燃物，而在数量和配置上能引起火灾的场所。

4.2.2 建筑物预计年雷击次数

1. 建筑物预计年雷击次数计算

建筑物预计年雷击次数可反映建筑物遭受直接雷击的概率，和建筑物所处地区雷暴活动情况、建筑物结构有密切关系。建筑物预计年雷击次数为

$$N = KN_g A_e \tag{4-1}$$

式中：N 为建筑物预计年雷击次数，次/年；K 为校正系数，一般情况下取 1，位于旷野的孤立建筑取 2，金属屋面的砖木结构的建筑取 1.7，位于河边、湖边、山坡下或山地中土壤电阻率较低处、地下水露头处、土山顶部、山谷风口处的建筑以及特别潮湿的建筑取 1.5；N_g 为建筑物所在地区雷击大地的年平均密度，次/（km²·年）；A_e 为与建筑物接收相同雷击次数的等效面积，km²。

2. 地区雷击大地的年平均密度

地区雷击大地的年平均密度和不同地区的雷暴活动情况有关，雷暴活动强烈的地区雷击大地的年平均密度大，雷击大地的年平均密度为

$$N_g = 0.024 T_d^{1.3} \tag{4-2}$$

式中：$T_d^{1.3}$ 为年平均雷暴日，一般可根据当地气象台站资料确定。

3. 建筑物接收相同雷击次数的等效面积

因为即使在同一地点，相同面积的建筑物高度不同时，年平均雷击次数是不同的。建筑物越高，遭受雷击的次数就会越多。为了计算方便，一般都把高建筑物的面积等效为地平面上一般高度建筑物遭受同样雷击次数的面积，其面积比一般高度建筑物遭受同样雷击次数的面积要大，其计算方法如下：

（1）当建筑物的高度小于 100m 时，进行等效面积计算时，每边应扩大的宽度为

$$D = \sqrt{H(200-H)} \qquad (4-3)$$

式中：H 为建筑物的高度，m。

建筑物接收相同雷击次数的等效面积为

$$A_{\mathrm{e}} = [LW + 2(L+W) \cdot D + \pi H(200-H)] \times 10^{-6} \qquad (4-4)$$

式中：D 为每边需要扩大的宽度；L、W、H 分别为建筑物的长、宽、高，m。

（2）当建筑物的高 H 等于或大于 100m 时，其每边的扩大宽度等于建筑物的高，即建筑物的等效面积为

$$A_{\mathrm{e}} = [LW + 2H(L+W) + \pi H^2] \times 10^{-6} \qquad (4-5)$$

（3）当建筑物各部位的高度不同时，应沿建筑物周边逐点算出最大扩大宽度，其等效面积 A_{e} 应按每点最大扩大宽度外端的连接线所包围的面积计算。

4.2.3　一类防雷建筑物雷电危害防护

1. 一类防雷建筑物防直击雷措施

（1）建筑物应安装独立避雷针或架空避雷线（网），使被保护建筑物及风帽、金属管道等突出屋面的物体均处于它们的接闪器的保护范围内。架空避雷网的网格尺寸不应大于 5m×5m 或 6m×4m。

（2）排放爆炸性危险气体、蒸汽或粉尘的管道、呼吸阀等的出口以下空间应处于接闪器的保护范围内。即当管道出口处有管帽时，应按表 4-1 中的要求确定保护范围，即当出口处无管帽时，应按出口处上方，半径为 5m 的半球确定，这时，接闪器与闪电的闪击点应在该区域的范围以外。

（3）排放爆炸性危险气体、蒸汽或粉尘的管道、呼吸阀等，当其排放物达不到爆炸浓度，但长期点火燃烧、一排放点火就燃烧及发生事故时排放物就能达到爆炸浓度的管道和阀、接闪器的保护范围可仅限于管帽，无管帽时可仅保

护到管口。

（4）独立避雷针的杆塔、架空避雷线的端部和架空避雷网的各支柱处至少应安装一根接地引下线。对由金属构成或采用焊接、绑扎连接的钢筋网结构的杆塔、支柱，宜利用其金属结构作为接地引下线。

表 4-1　　　　　有管帽的管道口处于接闪器保护范围的空间

装置内与周围空间的空气压力差（kPa）	排放物的比重	管帽以上的高度（m）	管口处的水平距离（m）
5～25	重于空气	2.5	5
<25	轻于空气	2.5	5
>25	重或轻于空气	5	5

（5）独立避雷针架空避雷线（网）的支柱及其接地体至被保护建筑物及与其有联系的管道、电缆等金属物之间的距离（见图 4-1）应符合以下要求，但不得小于 3m。

1）地面部分。

$$当 h_x < 5R_i 时，\ S_{a1} \geqslant 0.4(R_i + 0.1h_x)$$
$$当 h_x \geqslant 5R_i 时，\ S_{a1} \geqslant 0.1(R_i + h_x) \tag{4-6}$$

式中：S_{a1} 为空气中支柱及其接地体至被保护物体之间的距离，m；h_x 为被保护物体或计算点的高度，m；R_i 为独立避雷针、架空避雷线（网）接地体的冲击接地电阻，Ω。

2）地下部分。

$$S_{e1} \geqslant 0.4R_i \tag{4-7}$$

式中：S_{e1} 为地下土壤中支柱及其接地体至被保护物体之间的距离，m；R_i 为独立避雷针、架空避雷线（网）接地体的冲击接地电阻，Ω。

（6）架空避雷线至各种突出建筑物表面的风帽、管道等物体之间的距离（见图 4-1），应符合以下表达式确定的距离，但不得小于 3m。

$$当 \left(h + \frac{l}{2}\right) < 5R_i 时，\ S_{a2} \geqslant 0.2R_i + 0.03\left(h + \frac{l}{2}\right)$$
$$当 \left(h + \frac{l}{2}\right) \geqslant 5R_i 时，\ S_{a2} \geqslant 0.05R_i + 0.06\left(h + \frac{l}{2}\right) \tag{4-8}$$

式中：S_{a2} 为避雷线（网）至被保护物体之间的距离，m；h 为避雷线（网）的支柱的高度，m；l 为避雷线的水平长度，m。

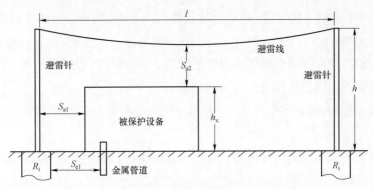

图 4-1 直击雷防护装置至被保护物之间的距离

（7）架空避雷网至建筑物屋面及各种突出屋面的风帽、金属管道等物体之间的距离，应符合以下表达式确定的距离，但不得小于 3m。

$$当 (h+l_1) < 5R_i 时，\quad S_{a2} \geqslant \frac{1}{n}[0.4R_i + 0.06(h+l_1)]$$

$$当 (h+l_1) \geqslant 5R_i 时，\quad S_{a2} \geqslant \frac{1}{n}[0.1R_i + 0.12(h+l_1)] \qquad (4-9)$$

式中：l_1 为从避雷网中间最低点沿导体至最近支柱之间的距离，m，n 为从避雷网中间最低点沿导体至最近支柱并有同一距离支柱的个数。

（8）独立避雷针、架空避雷线或架空避雷网应有独立的接地体，每一引下线的冲击接地电阻不宜大于 10Ω。在土壤电阻率高的地区，可适当放宽接地体冲击接地电阻的要求。

2. 一类防雷建筑物雷击过电压及过电流危害防护

（1）低压线路宜全线采用金属铠装电缆，一般绝缘外皮电缆则应采用穿金属管埋地敷设，在入户端应将电缆的外金属层、金属管和防雷电感应的接地体连接。当全线采用电缆有困难时，可采用架空线路，但应在线路中采用一段金属铠装电缆或采用一段穿金属管埋地敷设的无金属铠装电缆引入，这一段的长度应符合以下表达式的要求，但不应小于 15m。

$$l \geqslant 2\sqrt{\rho} \qquad (4-10)$$

式中：l 为金属铠装电缆或穿管埋设于地下的电缆长度，m；ρ 为埋设电缆处的土壤电阻率，$\Omega \cdot m$。

同时，电缆与架空线路连接处还应装设避雷器。避雷器、电缆金属铠装、金属管和其他金属附件等均应统一接地，接地体的冲击接地电阻不应大于 10Ω。

（2）对于架空金属管道，在进出建筑物处，应与防雷电感应的接地装置相连。距离建筑物 100m 内、每隔 25m 左右应对管道进行一次接地，其冲击接地电阻不应大于 20Ω，并宜利用金属支架或钢筋混凝土中的焊接、绑扎钢筋作引下线，用混凝土基础中的钢筋结构件作为接地装置。

埋地或地沟内的金属管道，在进出建筑物处亦应与防雷电感应的接地装置相连。

当建筑物太高或其他原因难以装设独立避雷针、架空避雷线和避雷网时，可将避雷针或网格不大于 5m×5m 或 6m×4m 的避雷网或由其混合组成的接闪器直接安装在建筑物上，其中避雷网应沿屋角、屋脊、屋檐和檐角等易遭雷击的部位敷设，并要求：

（1）所有避雷针应和避雷带相互连接。

（2）引下线不应少于两根，并应沿建筑物四周均匀或对称布置，其间距不应大于 12m。

（3）排放爆炸性危险气体、蒸汽或粉尘的管道应符合一类防雷建筑物防直击雷措施要求。

（4）建筑物应装设均压环，环间的垂直距离不应大于 12m，所有引下线、建筑物的金属结构、金属设备均匀连接到均压环上，均压环可以利用电气设备的接地干线。

（5）防直击雷的接地装置应围绕建筑物四周敷设成环形接地体，每根引下线的冲击接地电阻不应大于 10Ω，并应和电气设备的接地装置及所有进入建筑物的金属管道相连，此接地装置可兼作防雷电感应的接地体。

（6）防直击雷的环形接地体还可按以下方式敷设：

1）当土壤电阻率 ρ 小于或等于 $500\Omega \cdot m$ 时，对环形接地体所包围面积的等效圆半径 $\sqrt{\dfrac{A}{\pi}}$ 大于或等于 5m 时，环形接地体不需补加接地体；对接地体等效圆半径 $\sqrt{\dfrac{A}{\pi}}$ 小于 5m 时，每根引下线处应补加水平接地体或垂直接地体。补加水平接地体时，其长度为

$$l_r = 5 - \sqrt{\frac{A}{\pi}} \tag{4-11}$$

式中：l_r 为补加水平接地体的长度，m；A 为环形接地体所包围的面积，m^2。

当补加垂直接地体时，其长度为

$$l_v = \frac{1}{2}\left(5 - \sqrt{\frac{A}{\pi}}\right) \tag{4-12}$$

式中：l_v 为补加垂直接地体的长度，m。

2）当土壤电阻率 ρ 为 500～3000Ω·m 时，对环形接地体所包围面积的等效圆半径 $\sqrt{\frac{A}{\pi}}$ 大于或等于 $\frac{11\rho - 3600}{380}$ m 时，环形接地体不需补加接地体；对接地体等效圆半径 $\sqrt{\frac{A}{\pi}}$ 小于 $\frac{11\rho - 3600}{380}$ m 时，每根引下线处应补加水平接地体或垂直接地体。补加水平接地体时，其总长度为

$$l_r = \frac{11\rho - 3600}{380} - \sqrt{\frac{A}{\pi}} \tag{4-13}$$

当补加垂直接地体时，其总长度为

$$l_v = \frac{1}{2}\left(\frac{11\rho - 3600}{380} - \sqrt{\frac{A}{\pi}}\right) \tag{4-14}$$

按此方式敷设接地体时，可不计及冲击接地体的冲击接地电阻值。

（7）当建筑物高于 30m 时，还应采取以下防侧击雷措施：

1）从 30m 起每隔 6m 沿建筑物四周设水平避雷带并与引下线相连，以便在接闪侧遭雷击时对各引下线起均压作用。

2）高度在 30m 以上的外墙的金属栏杆、门窗及较大金属件应和防雷接地体相连，以防发生闪电侧击。

3）在电源引入的总配电箱应装设避雷器。当树木高于建筑物，且不在直击雷防护装置的保护范围时，树木与建筑物之间的距离不应小于 5m。

3. 一类防雷建筑雷电感应危害防护

（1）建筑物内设备金属外壳、金属管道、金属构架、电缆或电线中的外金属层等金属构件和突出建筑物屋面的金属管道及各种金属构件均应可靠连接到防雷电感应的接地装置上。

金属屋顶周边每间隔18～24m距离后都应通过引下线与接地装置连接。

现场浇注或预制构件组成的钢筋混凝土屋面，其内部钢筋宜绑扎或焊接成闭合回路，并应每隔18～24m距离后通过引下线与接地装置连接。

（2）平行敷设的金属管道、构架和电缆外金属层等长导电体，其净距离小于100mm时，均应采用金属导体进行跨接。两个跨接点之间的距离不应大于30m。交叉敷设时，其距离小于100mm时，交叉点也应采用金属导体进行跨接。

当金属物的弯头、阀门、法兰盘等连接处的过渡电阻大于0.03Ω时，连接处亦应用金属导体跨接。对于不少于5个螺栓连接的法兰，在无腐蚀的环境下，可不跨接。

（3）防雷电感应的接地体应和电气设备接地装置共用，其工频接地电阻不应大于10Ω。防雷电感应的接地装置与独立避雷针、架空避雷线或架空避雷网的接地体之间的距离应满足第一类防雷建筑防直击雷措施中的第5条的要求。

防雷电感应接地体与建筑物内接地干线之间的连接不应少于两处。

4.2.4 二类防雷建筑物雷电危害防护

1. 二类防雷建筑物防直击雷措施

采用装设在建筑物上的避雷针或避雷带（网），或由避雷针和避雷带（网）混合组成的接闪装置作为防直击雷措施。避雷带（网）应安装在屋角、屋脊、屋檐或屋檐角等易受雷击的部位，并应在整个建筑表面组成不大于 10m×10m 或 12m×8m 的网格金属避雷网。所有避雷针均应采用避雷带相互连接。

突出建筑物表面的管道、烟囱等物体应采用下列防护措施：

（1）排放爆炸性危险气体、蒸汽或粉尘的管道、呼吸阀、排风管道的直击雷防护措施应满足第一类防雷建筑物防直击雷措施中第2条要求。

（2）排放无爆炸性危险气体、蒸汽或粉尘的管道、烟囱，1级、11级和2级爆炸环境中的自然通风管道，装有阻火装置的排放爆炸性危险气体、蒸汽或粉尘的管道及煤气排放管道等，其直击雷防护要求如下：

1）金属物体可不装接闪器，但应和建筑物上的避雷装置相连。

2）在建筑物表面接闪器保护范围之外的非金属物体应安装接闪器，并应和建筑物上的避雷装置相连。

引下线不应少于两根并应沿建筑物四周均匀、对称布置，其间距不应大于18m。当利用建筑物四周的金属支柱或混凝土支柱内钢筋作引下线时，引下线之间的平均距离不应大于 18m。

每根引下线接地处的冲击接地电阻不应大于 10Ω。防直击雷接地宜和防雷电感应接地、电气设备接地等共用一个接地装置，并应与埋地金属管道等相连。如果不能共用，两者之间在地中的距离应满足式（4–15）的要求，并不应小于 2m。

$$S_{e2} \geqslant 0.3 K_c R_i \qquad\qquad (4{-}15)$$

式中：S_{e2} 为地中距离，m；R_i 为冲击接地电阻，Ω；K_c 为分流系数，单根引下线时，系数为 1，两根引下线及接闪器不构成闭合环的多根引下线时为 0.66，接闪器构成闭合环或网状的多根引下线时为 0.44。

共同接地装置与埋地金属管道相连的情况下，接地装置应围绕建筑物敷设成环形结构。

二类防雷建筑物中利用混凝土内钢筋作为接地装置的规定：

（1）在建筑物中，常利用钢筋屋面、梁、柱和基础内的钢筋作为引下线，第二类建筑物中的 2、3、8、9 项建筑物宜利用混凝土结构中的钢筋作接闪器引下线。

（2）当基础采用硅酸盐水泥，周围土壤的含水量不低于 4%，基础的外表面无防腐层时，宜利用混凝土结构中的钢筋作为接地体。

（3）利用混凝土中的钢筋或圆钢作防雷装置，如果其中只有一根钢筋时，其直径不能小于 10mm。如果为扎筋连接的钢筋，多根钢筋截面积的总和不应小于 10mm^2。

（4）利用基础内钢筋作为接地体时，离地面的距离不应小于 0.5m，每根引下线所连接的钢筋表面积应满足式（4–16）的要求

$$S \geqslant 4.24 K_c^2 \qquad\qquad (4{-}16)$$

式中：S 为钢筋的表面积，m^2；K_c 为分流系数，要求和式（4–15）相同。

（5）在建筑物周边的无钢筋混凝土基础内敷设人工接地体时，接地体材料的尺寸应满足表 4–2 的要求。

（6）构件内由扎筋连接的钢筋或网状钢筋，其钢筋和钢筋的连接应采用绑扎法连接或焊接。单根钢筋、圆钢或外引预埋连接板等与上述钢筋的连接应采用焊接或螺栓紧固的卡夹器连接。构件之间必须连接成良好的电气通路。

表4-2   二类防雷建筑物环形人工接地体材料的规格尺寸

环形接地体周长（m）	扁钢（mm）	圆钢根数×直径（mm）
大于60	4×25	2×ϕ10
大于40且小于60	4×50	4×ϕ10 或 3×ϕ12
小于40	钢材表面积总和大于4.24 m²	

注 ① 当长度和截面积相同时，接地体材料优先选用扁钢。
　　② 采用多根圆钢时，其敷设净距离不小于圆钢直径的2倍。
　　③ 利用环形基础内的钢筋作接地体时，可按本表要求进行校验。除主筋外，可计入扎筋的表面积。

二类防雷建筑物中低土壤电阻率地区的防雷接地要求：

当土壤电阻率 ρ 小于或等于3000Ω·m时，在避雷接地体同其他接地装置及进出建筑物的金属管道相连的情况下，对接地体的接地电阻可不作要求。但接地体规格尺寸应符合表4-2中的要求。

（1）防直击雷的接地装置应围绕建筑物四周敷设成环形接地体，每根引下线的冲击接地电阻不应大于10Ω，但土壤电阻率 ρ 可放宽小于或等于3000Ω·m。此接地装置可兼作防雷电感应的接地体。

（2）利用槽形、板形或条形基础内的钢筋作为接地体，当槽形或板形基础内的钢筋网在水平面投影面积或环形基础内钢筋所包围的面积大于或等于80 m²时，可不另加接地体。

（3）满足利用建筑物钢筋作为防雷装置的规定条件下，对6m柱距和大多数柱距为6m的单层工业建筑物，在利用支柱基础内钢筋作为避雷的接地体时，同时符合以下条件时，可不另加接地体。

1）利用全部或绝大多数支柱基础内钢筋作为接地体。

2）支柱基础内钢筋通过金属支柱、金属屋架、钢筋混凝土支柱、吊车梁或避雷装置等金属构件相互连成一个整体。

3）在周围地面中，距离地面0.5m以下的区域中，支柱基础内所连接的所有钢筋的表面积大于或等于0.82 m²。

2. 二类防雷建筑物雷击过电压及过电流危害防护

（1）当低压线路全长采用埋地电缆或敷设在架空金属线槽内的电缆引入时，在入户端应将电缆的外金属层、金属线槽接地。对二类建筑物中的4、5、6项建筑物，上述金属物应与防雷接地装置相连。

（2）为防止雷击过电压及过电流对二类建筑物中的4、5、6项建筑物的危害，其低压电源线路的引入应满足以下要求：

1）低压架空线路入户前应通过一段埋地金属铠装电缆引入，非金属护套电缆则应通过穿直埋金属管引入，其埋地长度应满足 $l \geqslant 2\sqrt{\rho}$ 的要求，且不得小于15m。入户端电缆的外金属层和金属管应与防雷接地体相连。在电缆和架空线连接处还应装设避雷器。避雷器、电缆外金属层、金属管、绝缘子金属脚、金具等均应统一接地，接地体的冲击接地电阻不应大于 10Ω。

2）平均雷暴日小于 300d/a 地区的建筑物，可采用低压架空线直接引入建筑物内，但应满足以下要求：

（a）在入户处应装设避雷器或 2～5mm 的空气间隙，间隙的一端、绝缘子金属脚、金具等均应统一连接到防雷接地体上，接地体的冲击接地电阻不应大于5Ω。

（b）入户前三级线路杆上的绝缘子金属脚、金具应接地，靠近建筑物的线路电杆的接地冲击电阻不应大于 10Ω，其余两基线路电杆的接地冲击电阻不应大于20Ω。

（3）二类建筑物中的 1、2、3、8、9 项建筑物，其低压电源线路应满足以下要求：

1）当低压架空线通过金属铠装电缆或非金属护套电缆穿埋地金属管引入时，其埋地长度应大于或等于 15m，并且入户端电缆的外金属层和金属管应和防雷接地体相连。在电缆与架空线连接处应装设避雷器。避雷器、电缆外金属层、金属管、绝缘子金属脚、金具等均应统一接地，接地体的冲击接地电阻不应大于 10Ω。

2）采用架空线直接引入建筑物时，在入户处应加装避雷器，并将其与绝缘子金属脚、金具等统一接到电气设备的接地装置上。靠近建筑物的两基线路电杆上的绝缘子金属脚应接地，其接地体的冲击接地电阻不应大于 30Ω。

（4）架空和直接埋地的金属管道在进出建筑物处应就近与防雷接地装置相连；当不相连时，架空管道应接地，其冲击接地电阻不应大于 10Ω。二类防雷建筑物第 4、5、6 项所规定的建筑物中，引入或引出建筑物的金属管道在进、出建筑物处应与防雷接地装置相连；对架空金属管道还应在离建筑物 25m 处再进行一次接地，其接地的冲击接地电阻不应大于 10Ω。

高度超过 45m 的钢筋混凝土和其他钢结构建筑物，除前面的雷电危害防护措施外，还需要有以下防地电位升高形成侧击的保护措施：

（1）钢构架应和混凝土内的钢筋相互连接。钢筋的连接应满足利用建筑物钢筋作为防雷装置规定的要求。

（2）应尽量利用金属支柱或支柱内钢筋作为避雷装置的引下线。

（3）应将 45m 及以上的建筑物外墙上的栏杆、门窗等较大的金属结构件与防雷接地装置连接。

（4）竖直敷设的金属管道和其他金属物体的顶端和底部应和防雷接地装置连接。

具有爆炸危险的露天钢质密封气罐的防雷要求：当钢质封闭气罐的壁厚不小于 4mm 时，可以不安装直击雷防护的接闪装置，但气罐必须接地，且接地不应少于两处；两接地点之间的距离不宜大于 30m，其冲击接地电阻应小于 30Ω。当防雷接地装置符合低土壤电阻率区的防雷接地要求时，可不考虑对接地电阻的要求，而各类金属管道和呼吸阀的防护措施应满足二类建筑物直击雷防护措施要求。

3. 二类防雷建筑物地电位升高形成的反击危害防护

雷击时，雷电流沿引下线向地下泄放过程中会引起地电位的升高，在整个雷电流泄放通道上，不同部位形成的电位升高幅值是不同的，因此，不同部位间的电位差会形成反击，对通道区域及附近的人员、设备等造成危害。防止地电位升高形成的反击危害，其主要措施有：

（1）当金属物或电气线路与防雷接地装置之间不相连时，其与引下线之间空气中间隙的距离应满足下式要求

$$当 l_x < 5R_i 时， \quad S_{a3} \geqslant 0.3K_c(R_i + 0.1l_x)$$
$$当 l_x \geqslant 5R_i 时， \quad S_{a3} \geqslant 0.075K_c(R_i + l_x) \tag{4-17}$$

式中：S_{a3} 为空气间隙的距离，m；R_i 为引下线的冲击接地电阻，Ω；l_x 为引下线计算距离的参考点到地面的高度，m；K_c 为分流系数。

（2）当金属物体或电气线路与防雷接地装置相连或通过过电压保护器相连时，其与引下线之间空气中间隙的距离应满足下式要求

$$S_{a4} \geqslant 0.075K_cl_x \tag{4-18}$$

式中：S_{a4} 为空气间隙的距离，m；l_x 为引下线计算距离的参考点到地面的高度，m。

当利用建筑物内钢筋或金属结构作为引下线时，建筑物大部分钢筋、结构件等金属与被利用的金属结构连成一个整体时，金属物与引下线之间的距离可不受

限制。

（3）当金属物或线路与引下线之间有自然接地或人工接地的钢筋混凝土构件、金属板、金属网等静电屏蔽物隔离时，金属物与引下线之间的距离可不受限制。

（4）当金属物或线路与引下线之间有混凝土墙、砖墙隔离时，由于混凝土墙的击穿场强和空气的击穿场强相近，砖墙的击穿场强为空气击穿场强的 1/2。当距离不能满足前面 1、2 项要求时，金属物或线路应与引下线直接连通或通过电压保护器相连。

（5）在电气设备接地装置与防雷接地装置共用或相连的情况下，当低压电源线路采用电缆或架空线路附加电缆引入时，宜在电源线路引入的总配电箱处装设过电压保护器；当安装在建筑物内或附近，采用 Yyn0 或 Dyn11 型接线的配电变压器引入，当变压器高压侧采用架空线进线时，除按国家有关规范规定，在变压器高压侧安装避雷器外，宜在变压器低压侧各安装一组避雷器；在高压侧采用电缆进线时，也宜在变压器高、低压侧各相安装避雷器。

4. 二类防雷建筑物防感应雷危害措施

二类建筑物中的 4、5、6 项建筑物防感应雷措施如下：

（1）建筑物内的设备、管道、构架等金属构件均应就近接至防直击雷接地装置或电气设备的保护接地装置上，可不另设接地体。

（2）平行敷设的金属管道、构架和电缆外金属层等长金属导体均应具有第一类建筑物防雷电感应措施，但可免去跨接要求。

（3）建筑物内防雷电感应的接地干线与接地装置的连接不应少于两处。

4.2.5　三类防雷建筑物雷电危害防护

1. 三类防雷建筑物直击雷防护措施

（1）在建筑物上安装避雷带（网）、避雷针或同时安装避雷带（网）和避雷针。避雷带（网）应沿屋角、屋脊、屋檐和檐角等易受雷击的部位安装。对于面积较大的建筑物，应在整个建筑物表面装设尺寸不大于 20m×20m 或 24m×16m 的避雷网。

对于平顶建筑物，当其宽度不大于 20m 时，可只沿周边安装一圈避雷带。每根引下线的冲击接地电阻不宜大于 30Ω。但对于预计年雷击次数为 0.12次/年＞N≥0.06次/年 的省、部级办公建筑物及其他人员密集的重要建筑物的接地体，其冲击接地电阻不宜大于 10Ω，且防雷接地装置宜和电气设备等接地装置共用，并注意其他埋地金属管道也应和接地装置连接。当不同接地装置不共用时，不同装置在地中的距离不应小于 2m。

在共用接地装置的情况下，接地体应围绕建筑物成环形敷设。

（2）建筑物的混凝土屋面、梁、支柱和基础内的钢筋都可用作直击雷防护的接闪器、引下线和接地装置，当基础材料为硅酸盐水泥，基础外表面无防腐层，周围土壤含水率不低于 4%时，可利用基础内的钢筋作为接地装置。利用混凝土中的钢筋作避雷接地装置时，如果其中的钢筋只有一根时，其直径不能小于10mm；如果为扎筋连接的钢筋，多根钢筋的总截面积不应小于 10mm²。其中钢筋和钢筋的连接可采用绑扎法连接或焊接。单根钢筋、圆钢或外引预埋连接板等与上述钢筋的连接应采用焊接或螺栓紧固的卡夹器连接。构件之间必须连接成良好的电气通路，同时还应满足以下要求：

1）利用基础内钢筋作为接地体时，在地面以下的距离不应小于 0.5m，每根引下线所连接的钢筋表面积应满足式（4−16）的要求

$$S \geqslant 1.89K_c^2 \qquad (4-19)$$

式中：S 为钢筋的表面积，m^2；K_c 为分流系数，要求和式（4−15）相同。

当在建筑物周边的无钢筋混凝土基础内敷设人工接地体时，接地体材料的尺寸应满足表 4−3 的要求。

表 4−3 三类防雷建筑物环形人工接地体材料的规格尺寸

环形接地体周长（m）	扁钢（mm）	圆钢根数×直径（mm）
大于 60		$1 \times \phi 10$
大于 40 且小于 60	4×20	$2 \times \phi 8$
小于 40	钢材表面积总和大于 1.89 m²	

注 ① 当长度和截面积相同时，接地体材料优先选用扁钢。

② 采用多根圆钢时，其敷设净距离不小于圆钢直径的 2 倍。

③ 利用环形基础内的钢筋作接地体时，可按本表要求进行校验。除主筋外，可计入扎筋的表面积。

2）当土壤电阻率 ρ 小于或等于 3000Ω•m 时，在避雷接地体同其他接地装置及进出建筑物的金属管道相连的情况下，其接地体符合下列规定之一时，可不对接地体的接地电阻提出要求。

a. 防直击雷的环形接地体所包围面积的等效圆半径 $\sqrt{\dfrac{A}{\pi}}$ 大于或等于 5m 时，环形接地体不需补加接地体；对接地体等效圆半径 $\sqrt{\dfrac{A}{\pi}}$ 小于 5m 时，每根引下线处应补加水平接地体或垂直接地体。补加水平接地体时，其长度为

$$l_{\mathrm{r}} = 5 - \sqrt{\frac{A}{\pi}} \qquad (4-20)$$

式中：l_{r} 为补加水平接地体的长度，m；A 为环形接地体所包围的面积，m^2。

当补加垂直接地体时，其长度为

$$l_{\mathrm{v}} = \frac{1}{2}\left(5 - \sqrt{\frac{A}{\pi}}\right) \qquad (4-21)$$

式中：l_{v} 为补加垂直接地体的长度，m。

b. 在符合一类防雷建筑雷电感应危害防护的有关要求的条件下，可利用槽形、板形或条形混凝土基础中的钢筋作为接地体，当槽形和板形基础中的钢筋水平面积和条形基础中的钢筋所围成的面积等于或大于 $80\mathrm{m}^2$ 时，可不另增加接地体。

c. 在满足二类防雷建筑物防感应雷危害措施要求后，对于柱距为 6m 或大多数柱距为 6m 的单层工业建筑物，利用支柱内钢筋作防雷接地体并满足以下要求时，可不另增加接地体：① 利用全部或绝大多数支柱基础内钢筋作为接地体。② 支柱基础内钢筋通过金属支柱、金属屋架、钢筋混凝土支柱、吊车梁或避雷装置等金属构件相互连成一个整体。③ 在周围地面以下距离地面不小于 0.5m，每根支柱基础内所连接的所有钢筋的表面积大于或等于 $0.37\mathrm{m}^2$。突出屋面的物体应安装独立避雷针或架空避雷线（网），使被保护建筑物及风帽、放散管等突出屋面的物体均处于它们的保护范围内。架空避雷网的网格尺寸不应大于 5m×5m 或 6m×4m。

d. 砖砌烟囱和钢筋混凝土烟囱应装设避雷针或避雷环，如为多支避雷针，所有避雷针都应连接到闭合环上。

当非金属烟囱采用单支避雷器不能起到保护作用时，应在烟囱口安装环形避雷带，并在避雷带上对称设置三支高出烟囱口 0.5m 以上的避雷针。

建筑物上有多支烟囱时，即使根据理论计算，高烟囱的保护范围能够覆盖较低的烟囱，低烟囱仍然需要安装防直击雷的接闪器。

钢筋混凝土烟囱中钢筋应在其顶部及底部与引下线、金属爬梯等相连。在满足三类建筑物中利用钢筋作接引下线的有关要求后，烟囱可不另设专用引下线。

高度不超过 40m 的烟囱，可只设一根引下线，超过 40m 后则需要设置两根引下线。也可利用由螺栓连接或焊接的爬梯作为两根引下线。

金属烟囱本身可作直击雷防护的接闪器和引下线。

一般整座建筑物直击雷防护装置的引下线不应少于两根，但周长不超过 25m，高度不超过 40m 的建筑物可只设一根引下线。引下线沿建筑物四周均匀对称布置。引下线之间的距离不应大于 25m。当利用建筑物四周的金属支柱或支柱内钢筋作引下线时，可根据支柱的跨度设引下线，但引下线之间的平均距离不应大于 25m。

2. 三类防雷建筑物雷击过电压及过电流危害防护

三类防雷建筑物雷击过电压及过电流危害防护应满足以下要求：

（1）电缆进出建筑物处，必须将电缆外金属层和穿入的金属管在电气设备的接地体上连接。当电缆转换为架空线时，在电缆和架空线连接处应装设避雷器，避雷器的接地端、电缆的外金属层、绝缘子的金属脚和其他金具等均应统一接地。接地处的冲击接地电阻不应大于 30Ω。

（2）对于进出建筑物的低压架空线路，应在进出建筑物处装设避雷器，对多回路进出架空线路，可只在母线或总配电箱装设一组避雷器或其他过电压保护器。但应注意安装避雷器后，避雷器接地端、绝缘子金属脚、金具等均应和电气设备的接地装置可靠连接。

（3）进出建筑物的架空金属管道，应在进出建筑物处就近连接到防雷、电气设备的接地装置上，或采用独自接地体的方式接地，其冲击接地电阻不应大于 30Ω。

3. 三类防雷建筑物地电位升高形成的反击危害防护

（1）防地电位升高形成的反击危害，可按二类建筑物地电位升高形成的反击危害防护要求，当各种金属物体和电气设备线路与防雷接地装置之间不相连时，其与引下线之间空气中的间隙距离应满足下式要求

$$当 l_x < 5R_i 时，\quad S_{a3} \geqslant 0.2K_c(R_i + 0.1l_x)$$
$$当 l_x \geqslant 5R_i 时，\quad S_{a3} \geqslant 0.05K_c(R_i + l_x) \tag{4-22}$$

式中：S_{a3} 为空气间隙的距离，m；R_i 为引下线的冲击接地电阻，Ω；l_x 为引下线

计算距离的参考点到地面的高度，m；K_c 为分流系数。

当金属物体或电气线路与防雷接地装置相连或通过过电压保护器相连时，其与引下线之间空气间隙的距离应满足下式要求

$$S_{a4} \geqslant 0.05K_cl_x \qquad\qquad （4-23）$$

式中：S_{a4} 为空气间隙的距离，m；l_x 为引下线计算距离的参考点到地面的高度，m。

（2）高度超过 60m 的建筑物，其防侧击及等电位保护措施应满足高度超过 45m 的二类防雷建筑物中的防护要求，并应将 60m 及以上的建筑物外墙上的栏杆、门窗等较大的金属结构件与防雷接地装置连接。

5

电力设备及输配电网雷电危害及防护

　　1820 年，丹麦哥本哈根大学教授奥斯特发现了电流的磁效应。1821 年，法拉第在重复奥斯特的实验时，发现小磁针有沿着通电的环绕导线做圆周运动的倾向。1831 年 8 月，法拉第在经过了历时十年之久"磁产生电"的探索之后，发现了电磁感应现象。德国数学家诺依曼在法拉第发现电磁感应现象之后的 14 年，即 1845 年明确定义了电动势的概念，建立了电磁感应定律，其定律的基本表达形式为

$$\varepsilon = -\frac{\mathrm{d}\phi}{\mathrm{d}t} \tag{5-1}$$

式中：ε 为感应电动势；ϕ 为磁通；t 为时间。

　　上式称为"法拉第电磁感应定律"，它表明回路中的感应电动势与回路平面上的磁通变化量成正比。

　　法拉第的发现立即在欧洲和全世界激起一阵发明的浪潮。1832 年，法国巴黎的皮克西便做成了永磁发电机。1833 年，美国的萨克斯顿发明了电枢式发电机。1845 年，英国的惠斯通用电磁铁代替永久磁铁，使发电机的输出功率得到进一步提高。1858 年，由法拉第亲自监督，在英国沿海岸的两座灯塔内安装了发电机，电弧探照灯的光束第一次照射到海面上。

　　1866 年，美国的法默、英国的瓦利和惠斯通，以及德国的西门子都宣布他们各自发明了自激发电机。这种发电机的磁场是由本身产生电流通过励磁线圈而激发的。同年，格拉默发明了直流发电机。

　　自此以后，电力的生产和应用便得到大规模的发展。19 世纪 70 年代至 80 年代，首先在城市中迅速发展了电网。在现代社会中，电力已遍及人们生产和生

活的各个角落，如果没有电力，那是不堪设想的。

随着电力工业的发展，人们逐渐发现了雷电对电力设施和设备的严重危害，深刻地意识到电力设备防雷在电力生产中的重要地位。

在整个电力生产包括电能输送的系统中，输电线路及变电站中的大部分电力设备都安装在室外，完全暴露在大气空间中，部分设备即使安装在室内，也与暴露在大气空间中的输电线路和设备通过导线存在直接的电的连接，通过设备中的铁磁部件存在电磁耦合。当系统中任何区域发生雷击时，产生的雷击过电压和过电流均会通过导线或电磁耦合在整个系统中传播，对电力系统和系统中的运行设备构成危害。所以，电力设备雷电危害防护是电力安全生产中一个非常重要的环节。

电力系统中发电厂、变电站中的设备直击雷防护主要采用避雷针、避雷带（网）、放电间隙、屏蔽网等措施，输电线路直击雷防护则采用避雷针、架空地线和接地的杆塔。

电力设备的雷击危害，则根据雷电的各种危害效应采取不同的防护措施，其中最重要的是在设备结构上降低雷电危害效应，提高设备对雷电的耐受水平，然后根据绝缘配合原则，为设备配置合适的避雷器，限制雷电在设备上形成雷电过电压。

5.1　雷电对电力生产的危害

现代工业中的电力生产、输送和电力分配的整个系统统称为电力生产系统，简称电力系统。其中输、配电线路绝大部分架设在室外，暴露在大气空间中，直接处在雷暴电场和雷击过电压的作用下。负责电能生产、输送和电力分配的发电机、变压器、断路器、互感器等设备称为一次设备，其中除发电机组外，绝大部分设备都安装在室外，暴露在大气空间中。即使部分设备安装在室内，也全部直接和暴露在大气空间中的输电线路相连接。所以，雷暴发生时，这些设备都直接或间接地处在雷暴电场和各种雷击过电压的作用下。

电能的生产和传输都离不开金属导体。在电力设备中，不同的导体，甚至同一导体的不同部位在正常运行时都在不同的工作电位（电压）下运行。所以不同导体或同一导体的不同部位需用绝缘材料进行隔离，使它们始终处于绝缘状态，才能维持设备的正常运行。如系统中，三相导体处于不同的三相电压和相对地电压的作用下，故要采用绝缘材料将三相导体之间及每一相的导体对地之间进行绝缘。变压器绕组中，每一匝线圈的导线都处于不同的工作电位，因此同一导线的不同匝也需要进行绝缘。雷电对电力设备的危害主要是造成设备的绝缘损坏，一旦在雷电作用下，这种绝缘状态破坏，电力设备就不能正常工作，甚至导致设备损坏和系统停运的重大事故。

系统中的高压输电线路，将系统中的所有设备连接在一起，构成一个地区、一个国家的电网。输电线常常需要越过旷野、高山，跨过大江、河流，这些地方往往正是雷暴和闪电的多发地带。系统中安装的各种设备、输电线路的杆塔、线路导线等都在一定程度上高出地面，最容易成为对地闪电的闪击点。一旦发生闪电放电（雷击），系统中的设备除像其他物体一样会发生结构损坏外，还会因系统中形成的雷击过电压，导致系统中的导线放电、绝缘子或电力设备绝缘表面闪络、设备绝缘部件击穿等故障或事故。在工程上，常将这种雷电引起的瞬时过电压称为"雷击过电压"或"大气过电压"。雷击过电压的形成主要有以下几种情况：

（1）输、配电线路的导线暴露在大气空间中，导线遭受直接雷击时在导线上形成雷击过电压，这种过电压会沿导线传播，侵入整个电力系统和设备，引发系统中的导线放电、绝缘子或电力设备绝缘表面闪络、设备绝缘部件击穿等故障或事故。

（2）在雷暴电场形成过程中，电场会在暴露于大气中的不接地或非直接接地的线路导线等导体上感应电荷，在导线对地之间形成感应电压，特别是在导体附近发生对地闪电时，导体附近区域的电场强度会发生突变，导体对地之间的感应电压亦会随之变化，从而在导体对地之间形成一个幅值很高的暂态电压，工程上称这种电压为雷电感应过电压。这种感应过电压也会在导体对地及导体之间形成放电，造成绝缘击穿，造成对系统及设备的危害。

（3）雷击线路杆塔、架空避雷线、避雷针等接闪器或其他物体时，对地闪电通过接闪器、引下线和接地体或雷击物体向地下泄放雷电流的过程中，会在雷电流流经的路径上形成电压降，使接地体的地电位升高。由于雷电流在流经路径的不同部位形成电压降不同，不同部位之间会形成电位差。这种电位差会通过传导、感应等方式向四周传播，并在电力系统及设备中形成另一种形式的过电压。这种过电压也会影响电力系统的正常运行和对电力设备造成危害，发生这种危害的过程在工程上称为"反击"。

在电力系统中，任何设备绝缘击穿，设备表面发生闪络、空气间隙放电，均会在该处形成整个系统的短路故障，使事故扩大。所以，电力系统运行过程中的一个最大特点是，系统中任何一台设备或系统中的任何一个部位都必须处于防止雷电危害的保护范围内，在发生短路故障时，能及时将故障点从整个系统中分离。这种保护统称为"继电保护"。它们通过测量系统电流或电压，判断系统中设备的运行状态，当系统设备出现异常时，继电保护装置即通过继电器控制系统中的高压断路器，在很短的时间内将系统中的故障点从系统中切除，以维持系统其他部分正常运行。

系统中的绝缘击穿事故或发生表面闪络的设备、线路绝缘子、空气间隙放电导线等能导致系统短路的部位统称为"故障点"，由于保护装置在切除故障点的同时，往往要同时切除一部分非故障设备或线路，影响整个系统的电能生产和输送，从而导致部分甚至大范围区域中的用电设备停电，产生停电事故。以上两个方面的雷电危害都会导致系统中的保护装置动作，断路器跳闸，影响系统正常运行。这种因系统中设备损坏或故障引起断路器切断故障点的情况，称为电力系统事故跳闸。

电力系统中，系统及设备绝缘实际上要承担两种电的作用，这两种电的作用是正常运行时工频电压的作用和雷暴形成的雷电作用。所以在电力系统设计和设备制造过程中，必须考虑两种电压作用的极限条件下的承受能力。这两种极限条件在工程上称为工频过电压和雷电过电压。

由于绝缘的双重作用，当雷电造成设备损坏或故障时，其直接影响仅发生在单一部位或单一设备上，但一旦雷电引起的绝缘击穿情况发生，该处就会形成短路放电，电力系统的整个运行电压就不能维持。短路处就会流过很大的工频电流，由于工频电流的持续时间长，流过的工频电流的能量往往比雷电能量大得多，常常造成的损坏会异常严重。

雷电对电力生产的危害主要表现为两种形式：① 直接引起设备损坏，一般都是因设备中的液体或固体绝缘材料发生击穿引起。② 虽未直接引起设备损坏，但引起系统或设备保护动作，发生系统故障，这种情况主要发生在系统设备或装置的空气间隙或设备绝缘表面，表现为气隙击穿和表面闪络。如没有有效的保护措施，以上这两种情况都会发展成整个系统故障，导致系统事故，严重的时候会形成区域性停电或整个电网瓦解。

雷电防护理论及长期的实践表明，在电力生产系统中，如果没有完善的雷电防护措施，因雷电危害引起的整个电力生产和电能输送系统事故会频繁发生，电力系统的正常运行将无法进行，所以，电力生产系统中的雷电危害防护显得尤为重要。在电力系统中开展的雷电危害防护常简称"防雷"。

5.2　雷电对输、配电线路的危害

输、配电线路将发电设备和用电设备连接在一起，承担电能的输送和分配，是电力系统电能输送和分配的大动脉，不同电压等级的线路跨江过海，翻山越岭，构成电能输送和分配的巨大电网。其中输电线路的运行电压等级都比较高，主要承担电能的远距离输送，配电线路运行电压比输电线路低，主要用于在不同用户之间的电能分配。输、配电线路的安全运行是整个电力生产和电能使用的基础。

高压输、配电线路在运行过程中，需要承受电力系统运行电压，即系统频率的工作电压，其正常运行是依赖整个系统可靠的绝缘状态来维持。一旦线路任何部位的绝缘状态遭受破坏，线路都将无法维持正常运行，并因此影响整个电力系统的安全运行。所以维持良好的绝缘状态是线路安全运行的关键。

在现代电力生产中，为减小电力输送过程中的电能损耗，都采用高电压输电。随着电力工业的发展和用电量的增加，输电线路的运行电压等级也不断提高。输电线路的导线是架设在输电线路杆塔上，现代输电线路绝大部分是采用导电金属杆塔，金属杆塔是直接接地的，水泥杆塔的内部也有增加杆塔强度的金属材料，亦可认为是直接接地的。所以，为承受线路运行电压，导线对地之间必要采取绝缘措施，在导线和地之间进行隔离。同时，线路还需要承受系统三相运行电压，所以不同相的导线还必须具有相间绝缘。

输、配电线路的绝缘主要由两部分构成，一部分是架空导线的支撑部件，主要是各种材料构成的绝缘子（瓷瓶）等，另一部分是架空导线所处的大气空间中的空气。

架空导线和杆塔之间必须有支撑将导线悬挂于杆塔上，这样的支撑主要是瓷、玻璃和各种有机材料构成的绝缘横担和绝缘子。绝缘横担和绝缘子等需要承受导线自重的机械力，所以必须具有一定的机械强度。绝缘横担和绝缘子还需承受两种电压作用，它还必须具有良好的绝缘特性。

线路导线的悬挂点是通过绝缘横担和绝缘子进行绝缘，导线的其他部分悬空在大气空间中，导线对地和导线之间的绝缘是依靠大气中的空气，所以整个线路的绝缘也包括大气空间中的空气介质。线路导线对地和导线之间的绝缘特性是和导线对地和导线之间的距离（空气间隙）有关，通常对于不同电压等级线路的绝缘要求是通过调整它们之间的距离来保证的。

由于输电线路都架设得远远高出地面，线路又是由导电性能良好的金属导体构成，在对地闪电的下行先导接近输电线路的架空导线时，最容易在导线上激发向上的上行先导，吸引闪电，成为对地闪电的闪击点。因此，输电线路遭受直接雷击的概率很高。

实际上，线路绝缘除承受正常运行时的系统频率的工作电压和断路器操作等非正常状态时形成的系统过电压外，还需承受雷击发生时在线路导线上形成的雷击过电压。所以，输电线路的绝缘设计主要考虑两个方面的要求：① 线路运行过程中需要承受长期的工频运行电压，这种电压除作用在导线对地之间外，还作用在三相之间。② 雷击线路导线时，导线需要承受雷击在导线上形成的雷击过电压。雷击过电压主要作用在雷击导线对地之间，但由于静电感应、电磁耦合效应，雷击过电压也会对未遭雷击的另外两相导线产生作用，不过一般情况下，未遭雷击的导线雷击过电压幅值要小得多。

输电线路正常运行过程中必须始终具有良好的对地绝缘和相间绝缘。当对地闪电发生在输、配电线路的任何部位上时，闪电电流会都在线路的导线上形成很高的雷击过电压，当这种过电压的幅值超过绝缘子表面空气的击穿电压值时，就会在其表面形成空气放电，导致绝缘子表面闪络。从而引起线路运行电压的对地短路，引发继电保护动作，通过断路器将短路线路从系统中切除，即导致线路故障。通常，绝缘子表面闪络是瞬时的，通过继电保护的重合闸操作，可在雷击后的很短时间内重新恢复线路运行。

当雷击过电压幅值超过绝缘子承受的电压幅值时，会直接导致绝缘子击穿，造成绝缘子永久性破坏。绝缘子击穿后，线路的导线将直接接地，从而引发继电保护动作，通过断路器将短路线路从系统中切除。在线路发生绝缘子击穿时，继电保护的重合闸操作是不能将线路重新接入系统的，必须对线路停电，对故障进行处理后才能恢复线路的正常运行，从而影响系统电能的输送和分配。

雷击过电压引起系统断路器跳闸事故，不但影响电力系统的正常供电，增加断路器等设备的运行维护工作量，而且由于线路落雷，雷电波还会沿线路传播，侵入发电厂、变电站，在其他设备上产生雷击过电压，造成设备绝缘击穿、设备损坏事故，影响整个电力系统的正常运行。

5.2.1 输、配电线路感应过电压

当雷云接近输、配电线路上空时，由于静电感应，线路导线上将感应有与雷云中电荷极性相反的电荷，这就是束缚电荷，而与雷云极性相同的电荷则通过导线接地的中性点流入大地。中性点绝缘的线路，这种电荷将由线路泄入大地。

这时，如果雷云对地放电（输电线路附近发生对地闪电），或者雷击塔顶但未发生反击（它们之间的区别在于杆塔代替了部分雷电通道），由于放电速度很快，雷云中的电荷很快消失，于是线路上的束缚电荷就变成了自由电荷，分别向线路两端传播，如图 5-1 所示。

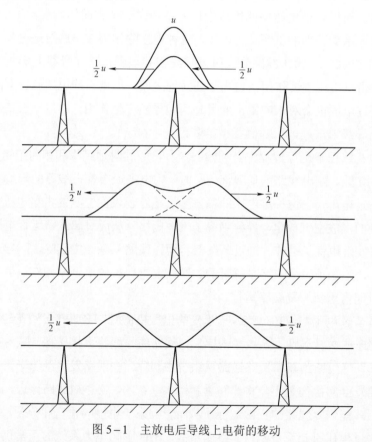

图 5-1　主放电后导线上电荷的移动

设线路上的感应电压为 u，发生雷电放电后，由雷云形成的电场突然消失，从而产生行波。根据波动方程初始条件可知，波将一分为二向两边传播。

感应过电压是由雷云的静电感应而产生的,对地闪电先导中的电荷 Q 形成静电场及主放电时雷电流 i 所产生的磁感应,是感应过电压的两个主要组成部分。

在导线上形成的感应电压的大小,可按有无架空避雷线两种情况求得。

1. 无避雷线时的感应过电压

根据理论分析和实测结果,有关规程建议,当雷击点距输电线路的距离 s 大于 65cm 时,导线上产生的感应过电压最大值可按下式计算

$$U = 25\frac{Ih_\mathrm{d}}{s} \tag{5-2}$$

式中:I 为雷电流幅值;h_d 为线路导线悬挂的平均高度;s 为雷击点至线路的距离。

感应过电压的幅值与雷电幅值 I 及导线平均高度成正比;与雷击点到线路的距离 s 成反比。

从产生静电分量的角度看,雷电流幅值大,是由于先导通道中的电荷密度大,或者是主放电速度高所致,电荷密度越大,其电场强度愈强,导线上束缚的电荷愈多,U 越高。主放电速度越高,一定时间内被释放的束缚电荷越多。这些都将使静电分量加大。导线平均高度越高,则导线对地电容越小,释放出同样的束缚电荷所呈现的电压就越高。雷击点至导线的距离越近,导线上束缚电荷越多,释放后的过电压也越高。

从产生电磁分量角度看,雷电流幅值大,雷击点离导线近,均将使导线与大地构成的回路中各部位的磁通密度加大。导线平均悬挂高度愈高,上述回路面积愈大,因而都增大了回路中磁通随时间的变化率。这些都会使感应过电压电磁分量增高。

由图 5-1 可以看出,感应过电压的极性与雷电流极性相反。由于雷击点的自然接地电阻较大,所以最大电流值可采用 $I \leqslant 100\mathrm{kA}$ 进行估算。实测表明,感应过电压峰值一般最大可达 $300 \sim 140\mathrm{kV}$。这对 35kV 及以下的水泥杆线路将可能引起闪络事故;对于 110kV 及以上电压等级的线路,由于绝缘水平较高,一般不会引起闪络事故,且感应过电压一般都会同时存在于三相导线上,故相间不存在电位差,只会引起对地闪络,如果两相或三相同时对地闪络才会发展成相间闪络事故。

当雷直接击在杆塔或线路附近的避雷线(针)上时,周围迅速变化的电磁场将在导线上感应过电压。无避雷线时,对于一般高度的线路,电磁感应过电压最

大值可由下式确定

$$U = ah_d \tag{5-3}$$

式中：a 为电磁感应过电压系数，其值等于以 kV/m 为单位的雷电流平均陡度值，一般取 $a = 1/2.6$。

2. 有避雷线时的感应过电压

如果线路上装设有避雷线，则由于其屏蔽作用，导线上的感应过电压会明显下降，在实际中避雷线是直接接地的，其电位为零，这相当于在其上叠加了一个极性相反、幅值相等的电压（$-U$），这个电压由于耦合作用在导线上产生的电压为 $K_e(-U) = -K_eU$。因此，导线上的感应过电压幅值为两者叠加，极性与雷电流方向相反，即

$$U' = U - K_eU = (1 - K_e)U \tag{5-4}$$

式中：K_e 为避雷线与导线之间的耦合系数。其值只取决于导线同避雷线之间的相互位置与几何尺寸，线间距离越近，则耦合系数 K_e 愈大，导线上的感应过电压愈低。

5.2.2 输电线路直击雷过电压

雷电作用于输电线路，会在线路上形成雷击过电流。雷电流的特点是强度高，电流的幅值可达几十甚至上百千安，作用时间短，其波头时间仅为数微秒。

输电线路直接遭受雷击时，闪电电流通过线路的导线向地下泄放，由于导线未直接接地，闪电电流只能沿导线向两侧流出，经和导线连接的线路绝缘子或设备入地。由于线路有一定的阻抗，线路绝缘子和设备都具有很高的对地绝缘电阻，巨大的雷电流会在线路导线上形成很高的雷击过电压。

1. 无避雷线时的雷击过电压

输电线路在未架设避雷线的情况下，遭受直击雷的部位主要是两个部位，一是输电导线，二是杆塔顶部。

（1）雷击线路导线时的过电压。当雷击导线时，雷电流沿导线向两侧流动，假定雷电通道的波阻抗为 Z_0，雷击点两侧导线阻抗的并联值为 $Z/2$，其等值电路如图 5-2 所示。若计及冲击电晕损耗的影响，可取 $Z = 400\Omega$，Z_0 近似地取为 200Ω，则雷击点形成的雷击过电压为

$$U_A = \frac{I}{2} \cdot \frac{Z}{2} = \frac{IZ}{4} = \frac{I \times 400}{4} = 100I \tag{5-5}$$

这一过电压将直接作用于悬挂导线的绝缘子。

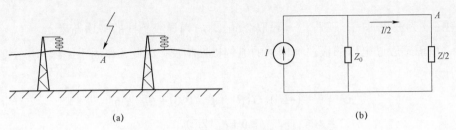

图 5-2 雷击无避雷线线路及等值电路图

(a) 示意图；(b) 等值电路图

（2）雷击线路杆塔顶端时的过电压。当雷击线路杆塔顶端时，雷电流 I 将经杆塔及其接地电阻 R_{ch} 流入大地。在图 5-3 中，设杆塔的电感为 L_{gt}，雷电流为斜角平顶波，工程上取波头的时间为 $2.6\mu s$，根据等值电路可求得杆塔顶端电位为

$$U = IR_{ch} + L_{gt}\frac{\mathrm{d}I}{\mathrm{d}t} \qquad (5-6)$$
$$= I(R_{ch} + L_{gt}/2.6)$$

式中：R_{ch} 为杆塔冲击接地电阻；L_{gt} 为杆塔的等值电感。

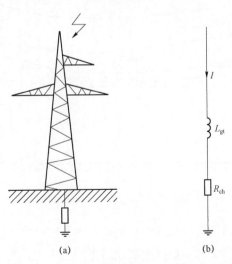

图 5-3 雷击无避雷线线路塔顶及等值电路图

（a）示意图；(b) 等值电路

当雷击杆塔顶端时，导线上的感应过电压为

$$U' = \frac{I}{t}h_{\mathrm{d}} = \frac{I}{2.6}h_{\mathrm{d}} \tag{5-7}$$

式中：t 为波头时间，工程上一般取 2.6μs；h_{d} 为导线悬挂的平均高度。

由于感应过电压的极性与塔顶的电位极性相反，因此，作用于绝缘子串上的电压为

$$\begin{aligned}U_{\mathrm{j}} &= U - (-U') = I(R_{\mathrm{ch}} + L_{\mathrm{gt}}/2.6) + Ih_{\mathrm{d}}/2.6 \\ &= I(R_{\mathrm{ch}} + L_{\mathrm{gt}}/2.6 + h_{\mathrm{d}}/2.6)\end{aligned} \tag{5-8}$$

由式（5-8）可以看出，作用在线路绝缘子上的雷击过电压与雷电流波的幅值、陡度及杆塔的高度、杆塔接地电阻有关。如果此值等于或大于线路绝缘子的50%雷电冲击放电电压，塔顶的高电位将对导线产生反击，在中性点直接接地的系统中，有可能引起线路保护跳闸故障。

2. 有避雷线时直击雷过电压

有避雷线时，雷击线路的情况有三种：一是雷绕过避雷线击于导线；二是雷击塔顶；三是雷击避雷线档距的中间部位。有避雷线时，雷击线路的情况如图5-4所示。

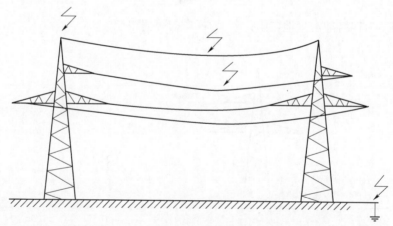

图 5-4　有避雷线时输电线路遭受雷击部位示意图

（1）雷绕过避雷线直击与导线的过电压。由于输电线离地面的架设高度都比较高，而避雷线对直击雷的防护区主要在避雷线的上方，当闪电从线路的侧面袭来时，避雷线的防护性能会减弱。这时，闪电常常会从线路侧面击于导线上，工程上称这种雷击为绕击。实际上这种雷击并不是像它的名称那样绕过避雷线击于导线，而是闪电下行先导接近地面时，到导线之间的距离比到避雷线之间的距

离更小，所以闪电在下行先导和导线之间发展。

输电线路装设避雷线后，闪电绕过避雷线雷击线路导线时，线路上的过电压仍然由式（5-2）确定。

（2）雷击塔顶时的过电压。雷击塔顶时，雷电流大部分经过被击杆塔入地，小部分电流则经过避雷线由相邻杆塔入地，如图5-5所示。

流经被击杆塔的雷电流与总电流之间的关系为

$$i_{gt} = \beta_g i \qquad\qquad (5-9)$$

式中：i_{gt} 为流经被击杆塔入地的电流；i 为总电流；β_g 为杆塔的分流系数，其值小于零。

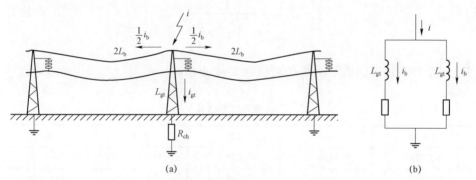

图 5-5 有避雷线时雷击线路杆塔及等值电路图

（a）示意图；（b）等值电路

由图5-5中的等值电路，杆塔塔顶的电位为

$$u_{gt} = i_{gt} R_{ch} = L_{gt} \frac{\mathrm{d}i_{gt}}{\mathrm{d}t} \qquad\qquad (5-10)$$

将式（5-9）代入式（5-10），可得

$$u_{gt} = \beta_g i R_{ch} = L_{gt} \beta_g \frac{\mathrm{d}i}{\mathrm{d}t} \qquad\qquad (5-11)$$

用 $I/2$ 代替 $\mathrm{d}i/\mathrm{d}t$，塔顶对地的电位幅值可表示为

$$U_{gt} = \beta_g I (R_{ch} = L_{gt}/2.6) \qquad\qquad (5-12)$$

式中：I 为雷电流幅值，kA。

将式（5-12）与式（5-6）比较可以看出，由于避雷线的分流作用，降低了雷击塔顶时塔顶的电位，分流系数 β_g 值愈小，塔顶电位就愈低。

β_g 值可由图 5-5（b）的等值电路求得。设雷电流为斜角波，即 $i = at$，则有

$$R_{ch}\beta_g at + L_{gt}\beta_g a = L_b \, \mathrm{d}(at - \beta_g at) / \mathrm{d}t \tag{5-13}$$

由此可得

$$\beta_g = \frac{1}{1 + \dfrac{L_{gt}}{L_b} + \dfrac{R_{ch}}{L_b}t} \tag{5-14}$$

β_g 值与雷电流陡度无关，而随时间变化。为了便于计算，工程上 t 值取 $0 \sim 2.6\mu s$ 的平均值，因此有

$$\beta_g = \frac{1}{1 + \dfrac{L_{gt}}{L_b} + 1.3\dfrac{R_{ch}}{L_b}} \tag{5-15}$$

对于一般长度的档距，β_g 值可按表 5-1 查出。

表 5-1　　　　　　　　　　雷电流分流系数 β_g

额定电压（kV）	110	220	330	500
单避雷线	0.90	0.92	—	—
双避雷线	0.86	0.88	0.88	0.865～0.822

避雷线与塔顶相连，所以避雷线也将具有和塔顶相同的电位 U_{gt}，避雷线与导线之间存在耦合，极性与雷电流相同，因此，作用在绝缘子串上的电压为

$$U_{gt} - K_c U_{gt} = U_{gt}(1 - K_c) = \beta_g I(R_{ch} + L_{gt}/2.6)(1 - K_c) \tag{5-16}$$

同样，考虑有避雷线的情况下雷击塔顶时导线上出现的感应过电压，采用式（5-4）计算其值为

$$U'_g = U_g(1 - K_c) = ah_d(1 - K_c) = \frac{I}{2.6}h_d(1 - K_c) \tag{5-17}$$

由式（5-16）和式（5-17）叠加，得作用在绝缘子串上的电压为

$$\begin{aligned} U_j &= \beta_g I(R_{ch} + L_{gt}/2.6)(1 - K_c) + \frac{I}{2.6}h_d(1 - K_c) \\ &= I(1 - K_c)\left(\beta_g R_{ch} + \beta_g L_{gt}/2.6 + \frac{1}{2.6}h_d\right) \end{aligned} \tag{5-18}$$

（3）雷击避雷线档距中间的过电压。雷击避雷线档距中间的情况如图 5−6 所示。由于雷击点距离杆塔有一定距离，由两侧接地杆塔发生的反射需要一定时间才能回到雷击点而使该点电压降低，在此期间，雷击点地线上会出现较高的电位。这可用近似的集中参数等值电路来分析，求得图中 A 点的过电压。设档间导线的电感为 $2L_s$，雷电流取斜角波，即 $i = at$，则

$$U_A = \frac{1}{2} L_s \frac{\mathrm{d}I}{\mathrm{d}t} = \frac{1}{2} L_s a \qquad (5-19)$$

这时，A 点与导线间的空气间隙上所承受的电压 U_s 为

$$U_s = U_A (1 - K_c) = \frac{1}{2} L_s a (1 - K_c) \qquad (5-20)$$

式中：K_c 为导线与避雷线间的耦合系数。

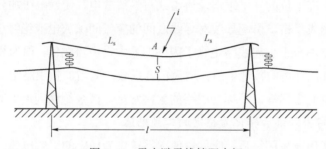

图 5−6　雷击避雷线档距中间

5.3　输、配电线路雷电危害防护

输、配电线路雷电危害防护的目的：通过预防输、配电线路导线直接雷击，降低线路上的雷击过电压，增强线路的防雷电危害水平，减少输电线路上发生导线对地或导线之间的空气间隙放电、减少线路绝缘子表面闪络，从而减少系统障碍和跳闸事故；同时，输、配电线路的雷电危害防护措施还可减少线路雷击，降低线路雷击过电压，减少通过导线侵入电力设备的雷电过电压或降低雷击过电压幅值。减少和避免雷电危害引起的系统设备故障和损坏事故。

输、配电线路雷电危害防护的任务：采用技术可靠、经济合理的措施，使系统雷电危害降低到尽可能低的程度，以保证输电线路及整个电网系统安全、稳定运行，其具体措施如下：

1. 防止对地闪电直击输电线路导线

雷电危害最直接、最严重的形式当数直接雷击线路的输电导线。沿输、配电线路架设架空避雷线，是减少和避免输电线路遭受对地闪电直接雷击的主要措施。在输电线路中，在一些容易遭受雷击的特殊部位的杆塔上，还可配合安装避雷针。

对于雷电频繁、防雷要求更高的输电线路段，全线采用高压电缆输电，可有效避免线路导线遭受直接雷击。

2. 防止雷击杆塔顶端或避雷线引起空气间隙放电或绝缘表面闪络

雷击杆塔顶端或避雷线，雷电流沿杆塔泄放时，会引起杆塔顶端和避雷线电位升高，原来接地的杆塔和避雷线现在却具有高电位。而线路导线由于杆塔和避雷线的屏蔽作用，相对于杆塔和避雷线，其电位不受影响而保持原来的电位。因而有可能处于高电位的杆塔顶端及避雷线对导线放电，使过电压加到导线上，对绝缘子导线形成反击，引起导线对导线之间的空气间隙放电或绝缘子表面闪络。

雷击线路不至于引起线路绝缘子闪络的最大雷电流幅值，称为线路的耐雷水平。为此，降低杆塔的接地电阻，增大耦合系数，适当加强线路绝缘水平，在个别杆塔上设置避雷器等，是提高线路的耐雷水平，减少绝缘闪络的有效措施。

3. 防止雷击闪络后转化为稳定的工频电弧

当绝缘子串发生闪络后，应尽量使它不转化为稳定的工频电弧，因为如果建立不起工频电弧，则线路不会跳闸。由于冲击闪络转化为稳定的工频电弧的概率与电源容量及去游离条件等因素有关，但主要的影响因素是作用于电弧路径的平均电位梯度。由运行经验和试验数据得出，冲击闪络转化为稳定的工频电弧的概率——建弧率的计算公式如下

$$\eta = (4.5E^{0.75} - 14)\%\qquad(5-21)$$

式中：η 为建弧率；E 为绝缘子串的平均运行电压梯度，kV/m。

对于中性点有效接地的电网系统

$$E_1 = \frac{U_e}{\sqrt{3}(l_j + 0.5l_m)}\qquad(5-22)$$

对于中性点非有效接地的电网系统

$$E_2 = \frac{U_e}{2l_j + l_m}\qquad(5-23)$$

式中：U_e 为系统额定电压，kV；l_j 为绝缘子串长度，m；l_m 为线路导线之间的距离，m。

显然，降低建弧率可采取的措施有：适当增加绝缘子片数，减少绝缘子串上的工频电场强度。电网系统采用不接地或经消弧线圈接地方式，防止雷击时形成稳定的工频电弧。

4. 防止线路中断供电

输电线路空气间隙放电和绝缘表面闪络，都发生在空气介质中，不属永久性损坏，一般在很短的时间内即可自行恢复其绝缘状态。因此，对于线路中发生的空气间隙放电和绝缘表面闪络，其作用时间很短，如果在电网系统发生雷击跳闸时，能够在很短的时间内，重新合上断路器，恢复系统正常运行，即可避免因跳闸形成的系统停电故障。

在电力系统中，采用自动重合闸的措施，可避免输、配电线路空气间隙放电和绝缘表面闪络引起线路跳闸，也能保证不中断供电。

上述四条基本原则，有时称为输电线路雷电危害防护的四道防线。在实际中，还应根据现场的具体情况，如线路的电压等级、重要程度、当地的雷电活动强弱、已有的线路运行经验等，再通过技术、经济比较，做出因地制宜的雷电危害防护措施。

输、配电线路的防雷性能在工程上用雷击跳闸率来衡量。线路耐雷水平高，就能承受高幅值的雷电流，线路的防雷性能就好。跳闸率是指折算为统一条件下，因雷击而引起的线路跳闸次数。一般情况下，采用统一条件的规定为每年 40 个雷电日和 100km 的线路长度，因此雷击跳闸率的单位为次/100km·40 雷电日。

和其他物体、建筑物防雷一样，为防止雷电危害，首先要防止闪电直接击中线路的输电导线，这样可最大限度降低雷击过电压幅值，减少绝缘子闪络和导线间隙空气放电。其他物体、建筑物防直击雷的措施是装设避雷针、避雷带（网）。输电线路防直击雷的措施需针对所有线路长度和整个电网，有时仅一条线路就有几十、几百甚至上千千米，涉及范围极广，而避雷针、避雷带（网）的保护范围很有限，无法对输电线路和整个电网进行雷电危害防护。为防止闪电直击输电线路导线，通常的方法是在输电线路上架设避雷线。

架设避雷线可有效减少对地闪电直接对输电导线放电，即减少输电导线直接遭受雷击，是最有效的输电线路直击雷防护措施。但是，和避雷针一样，避雷线在防闪电直接雷击输电线路导线时，仍然存在雷击导线以外其他部位时的雷电危害防护。更重要的是，由于绕击，即使架设了避雷线，输电线路导线遭受雷击仍然不可完全避免，存在一定的直接遭受雷击概率。输电线路采用的绝缘方式，无论是设计的绝缘水平还是材料本身特性，雷电直接使线路固体绝缘件击穿，造成不可逆的绝缘损坏的可能性很小。但线路架空部分的绝缘是依靠空气，雷击造成过电压的持续时间很短，这种过电压会引起线路空气间隙放电和绝缘子表面闪络，这种放电和闪络只要不形成工频续流，雷击过后线路绝缘一般能自行恢复。如果形成工频续流，则会直接引起系统中断路器动作跳闸，形成雷击跳闸事故。同时，输电线路架设避雷线后，雷击避雷线时，由于电磁感应效应，还会在输电导线上感应过电压，对输电线路造成危害。因此，在输电线路架设避雷线后，仍需要有进一步的措施，防止雷击输电线路的避雷线、输电导线和杆塔等其他部位出现雷击过电压危害。

所以，输电线路的雷电危害防护包括两个方面：① 输电线路的直击雷防护，其主要措施是架设避雷线。② 针对雷击输电线路时形成的过电压危害防护，其主要措施是一方面尽可能地降低雷击过电压幅值，同时根据线路的过电压值，采用合理的绝缘结构，提高线路的耐雷水平。

5.3.1　输、配电线路直击雷防护

输、配电线路的直击雷防护措施主要是杆塔接地和架空避雷线。接地的金属杆塔本身就是一个很好的避雷针，当对地闪电发生在杆塔附近时，下行先导最容易在接地良好的金属杆塔上激发上行先导，吸引闪电，从而减小雷击线路导线的概率。采用水泥杆的线路，水泥杆内搭金属材料也可形成接地引下线，可在水泥杆外表面另附金属导电引下线，在对地闪电的下行先导发展到水泥杆附近时，接地的引线同样可很快地将地面感应电荷通过引线输送到引下线顶端，形成上行先导，吸引对地闪电。

杆塔防直击雷的作用主要限于距离杆塔较近的一段线路，而对于距离杆塔较远线路的对地闪电的吸引作用很有限，特别是当两级杆塔之间的档距比较大时，输电导线对下行先导的吸引作用很强，仍有可能遭受直接雷击。所以，需要采取进一步措施防直接雷击，这样的措施就是在每级杆塔之间架设架空避雷线。

架空避雷线由水平悬挂的导线、接地引下线和接地体构成，水平悬挂的导线用于直接承受雷击，起接闪器作用，接地引下线和接地体用于向地下泄放雷电流。

避雷线架设在被保护线路输电导线的上方，能够提供与避雷线长度相等的保护距离，其工作原理与避雷针类似，也是由于下行先导引起避雷线周围的电场畸变，诱发上行先导，吸引对地闪电。

架设避雷线后，对来自线路上方的对地闪电，杆塔和架空避雷线可以有效地进行拦截，防止雷击线路的输电导线。但由于输电线路杆塔的高度都比较高，部分杆塔还架设在山上，当对地闪电先导从线路的两侧袭来时，也会使处于架空避雷线下方的输电导线周围的电场畸变，在输电导线诱发上行先导，使输电导线遭受直接雷击。发生的这种雷击称为"绕击"。

由于对地闪电会引发绕击，和避雷针一样，杆塔和架空避雷线对直击雷的防护也是有限的，所以，杆塔和避雷线也有一定的保护范围。有多种方法确定接地杆塔、架空避雷线等的保护范围，过去我国曾多年使用折线法确定接地杆塔架空避雷线的保护范围，GB 50057—1994《建筑物防雷设计规范》规定采用 IEC 推荐的滚球法来确定它们的保护范围。杆塔的保护范围可按避雷针相同的滚球法确定，这时，球和杆塔金属部件的突出部分及地面的突出物体相切，球的半径根据保护要求确定，保护区内的输电导线可避免遭受直接雷击。

采用滚球法确定保护范围时，确定范围大小的滚球半径是一个由雷电强度确定的闪击距离有关的量。一般情况下，雷电流幅值越大，对地闪电发展到地面最后一个梯级的下行先导在地面诱发上行先导的距离越大，反之则采用较小的滚球半径。

1. 滚球半径大于避雷针高度时的保护区范围

滚球半径大于避雷针的高度时，其保护范围确定方法如图 5-7 所示，具体步骤如下：

（1）在距地面 d_{s1} 处做一平行于地面的平行线，其中以 d_{s1} 为半径画弧，作为滚球半径。

（2）以避雷针的针尖为圆心，d_{s1} 为半径画圆弧，交平行线于 A_1、B_1 两点。

（3）分别以 A_1、B_1 为圆心，d_{s1} 为半径画圆弧，这两条圆弧线与避雷针尖相交，与地平面相切。然后将圆弧围绕避雷针轴线旋转 180°，圆弧面和地平面所围成的锥体即为避雷针的保护区。

2. 滚球半径小于避雷针高度时的保护区范围

若滚球半径小于避雷针的高度时，避雷针顶端处为圆心，取 $h-\Delta h$ 为半径，其余作图方法和滚球半径大于避雷针高度时的保护范围的方法相同。

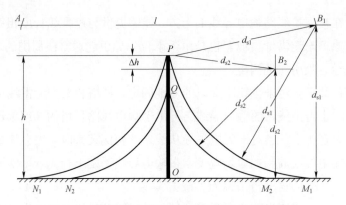

图 5-7 不同滚球确定的单支避雷针的保护范围

从图 5-7 可以看出，当避雷针的规定一定时，对强度越大的雷，采用的滚球半径越大，确定的保护区范围越大，对强度小的雷，采用的滚球半径小，确定的保护区范围也小。而当雷电强度小，滚球的半径小于避雷器的高度时，避雷针上部一段会处于保护区以外，避雷针可能遭受侧击，所以在实际情况下，一味地增加避雷器的高度，并不一定会使避雷针的保护范围扩大。

对于线路末端，只有输电导线处于避雷针的保护范围内时，导线才能得到有效保护，从而避免遭受直接雷击。由于重力作用，杆塔之间的避雷线有一定弧垂，不同部位的高度都不相同。其保护效果可等同于弧垂上每一点等高的避雷针。故只需根据待确定点的高度，按单支避雷针计算其线路两侧的保护范围。同样，避雷线首、末端的保护范围，按和其高度等高的单支避雷针计算。

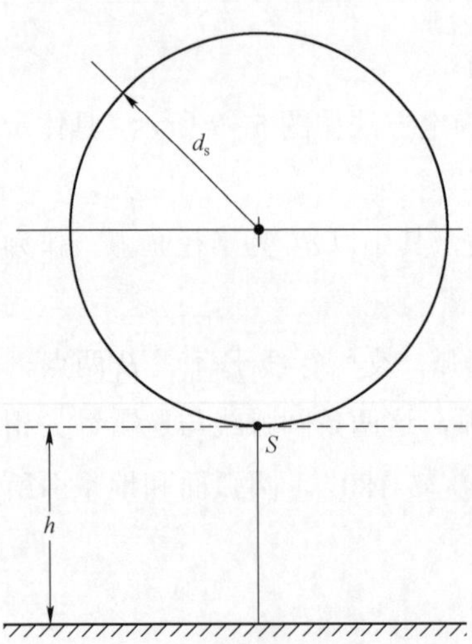

采用滚球法确定杆塔之间输电导线的保护范围时，滚球的半径与对地闪电的闪击距离有关。通常，对地闪电强度越大，闪电电流越大，对应的闪击距离会越大。对这样的大强度的闪电防护，其保护范围的确定所采用的滚球半径更大，而对于强度比较小的对地闪电的防护，采用的滚球半径更小。

采用滚球法确定杆塔之间的输电导线的保护范围还应考虑对地闪电发展方向。当闪电从避雷线正上方袭来时，低于避雷线 S 以下的广大区域内的导线都能得到保护，如图 5-8 所示。

图 5-8 来自避雷线上方对地闪电的保护范围

当对地闪电从线路两侧袭来时，保护范围和对地闪电发展方向有关，不同方向闪电的保护范围如图5-9所示。对于同样强度的对地闪电，先导接近地面最后一级相对于架空避雷线的角度（$\angle \alpha$ 和 $\angle \varphi$）越小，避雷线的保护范围越小。因此，通常处于平坦地面的输、配电线路，来自线路两侧的对地闪电，容易被线路两侧地面上其他物体拦截，相对于避雷线角度较小的闪电不易向输电导线发展。而架设在突出地面的高山上的线路，线路两侧的闪电无其他地面物体拦截，更容易被输电导线吸引形成雷击。所以，线路架设的相对高度越高，避雷线的保护范围会越小。

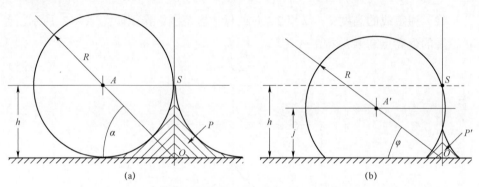

图5-9 从避雷线两侧不同角度袭来的对地闪电的保护范围
(a) 从 α 角度袭来的对地闪电的保护范围；(b) 从 φ 角度袭来的对地闪电的保护范围

从图5-9可以看出，当滚球半径越小，避雷线的保护范围越小，也就是相对于一定的滚球半径，架空避雷线的高度越高，其保护区的范围越小。根据理论分析，当避雷线的高度 $h \geqslant 2d_s$ 时，避雷线就会没有保护区。当避雷线的高度 $h < 2d_s$ 时，应分两种情况来确定避雷线的保护区范围。

（1）避雷线的高度 $h \leqslant d_s$ 时的保护区范围。如图5-10所示，在距离地面 d_s 处做一条地面平行线，以避雷线位置为圆心，以 d_s 为半径画圆弧交于平行线 A、B 两点。再分别以 A、B 两点为圆心画两条圆弧，这两条圆弧与地面相切并与避雷线相交，它们与地面所围成的区域即为保护区范围的截面。在距离地面 h_x 高度处 xx' 平面上避雷线的保护区的宽度为

$$b_x = \sqrt{h(2d_s - h)} - \sqrt{h_x(2d_s - h_x)} \tag{5-24}$$

避雷线线路两端的保护区范围按确定单支避雷针保护区范围的方法加以确定。单根避雷线完整的保护区范围如图5-11所示。

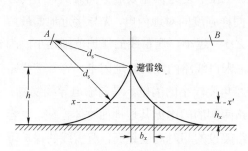

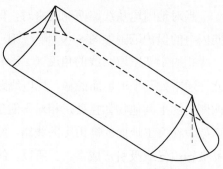

图 5-10　$h \leq d_s$ 时避雷线的保护范围　　　图 5-11　单根避雷线保护范围空间区域

（2）避雷线的高度 $d_s < h \leq 2d_s$ 时的保护区范围。作图如图 5-12 所示。保护范围的最高点高度 h_0 按下式计算

$$h_0 = 2d_s - h \qquad\qquad (5-25)$$

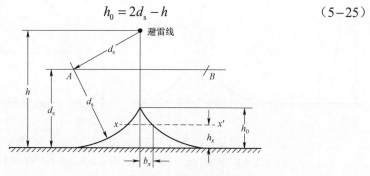

图 5-12　$d_s < h \leq 2d_s$ 时避雷线的保护范围

其作图步骤同于 $h \leq d_s$ 时的作图步骤。由图 5-12 可见，当 $h \leq d_s$ 后，避雷线的保护区范围不仅不增大，反而会随 h 的增大而减小。处在避雷线下方且高度大于 h_0 的范围内将失去避雷线的保护，因为半径为 d_s 的滚球可以接触到这一范围内的输电导线。

对于多种避雷针和多根避雷线的保护范围可按类似方法确定。

5.3.2　输、配电线路雷击危害防护

输、配电线路装设避雷针、架空避雷线后，雷击输、配电线路的避雷针、架空避雷线、导线等仍然会形成雷击过电压，引起线路导线空气间隙放电、绝缘子闪络甚至击穿，引发线路跳闸故障甚至系统停电事故。因此，对架设了避雷线的输电线路仍需采取进一步的措施，防止雷击过电压危害。

输、配电线路架设避雷线可显著降低感应过电压水平，是感应过电压危害防

护的主要措施。

1. 无避雷线时雷击线路导线的过电压危害防护

根据式（5-5），无避雷线雷电直击输电导线时的雷击过电压与雷电流的大小成正比，工程上，将线路绝缘不发生闪络的最大雷电流幅值称为线路的耐雷水平，如果线路绝缘的耐受水平低于此电流，在雷击时就将发生冲击闪络。因此，线路的设计耐雷水平不能低于此电流，即不能低于

$$I_A = \frac{U_{50\%}}{100}(\text{kA}) \qquad (5-26)$$

式中：$U_{50\%}$ 为冲击电压作用下，放电概率为50%的电压幅值。

2. 无避雷线时雷击线路杆塔顶端的过电压危害防护

根据式（5-18）无避雷线雷直击杆塔时，加在绝缘子串上的雷击过电压与雷电流的大小、陡度、导线及杆塔高度、杆塔的接地电阻等有关。如果过电压值达到绝缘子串的50%雷电冲击放电电压，塔顶将对导线产生反击。在中性点直接接地的电网中，有可能导致线路跳闸，因此，线路耐雷的水平应大于

$$I = \frac{U_{50\%}}{R_{ch} + L_{gt}/2.6 + h_d/2.6} \qquad (5-27)$$

我国60kV及以下电网采用中性点非直接接地方式运行。在雷击塔顶时，若雷电流超过耐雷水平，就会发生塔顶对一相导线放电。由于放电过程中工频电流很小，不能形成稳定的工频电弧，一般不会引起线路跳闸。但如果在第一相闪络后，再向第二相反击，导致两相绝缘子串闪络，形成相间短路，出现大的短路电流，就会引起线路跳闸。

雷击塔顶，第一相绝缘闪络后，该相导线具有塔顶的电位。由于第一相导线与第二相导线耦合作用，使两相导线的电位差为

$$\begin{aligned} U_j' &= (1-K_c)U_j \\ &= I(R_{ch} + L_{gt}/2.6 + h_d/2.6)(1-K_c) \end{aligned} \qquad (5-28)$$

式中：K_c 为两相导线之间的耦合系数。

当 U_j' 大于或等于绝缘子串 50%冲击放电电压时，第二相也发生反击，形成两相短路，也有可能引起跳闸。这种情况下，线路的耐雷水平应大于

$$I = \frac{U_{50\%}}{(1-K_e)(R_{ch} + L_{gt}/2.6 + h_d/2.6)} \qquad (5-29)$$

3. 有避雷线时雷击导线的过电压危害及防护

输电线路装设避雷线后，闪电绕过避雷线雷击线路导线时，要求线路的耐雷水平仍然由式 $I_A = \dfrac{U_{50\%}}{100}$ (kA) 确定。

有避雷线后，雷击导线是由于绕击引起，发生绕击的情况和线路结构特性有关，为确定线路的防绕击特性，工程上定义了线路"绕击率"，即闪电绕过避雷线击于导线的次数与雷击线路的总次数之比，绕击率与雷击线路的总次数之间的关系为

$$N_1 = p_a N \tag{5-30}$$

式中：N 为雷击线路的总次数；N_1 为闪电绕过避雷线击于导线的次数。

影响线路绕击率的因素是避雷线对外侧导线的保护角、杆塔高度及地形条件。有关规程中建议采用以下经验公式计算绕击率

对于平原上的线路 $\qquad \lg p_a = \dfrac{a\sqrt{h}}{86} - 3.90 \tag{5-31}$

对于山区的线路 $\qquad \lg p_a = \dfrac{a\sqrt{h}}{86} - 3.35 \tag{5-32}$

式中：h 为杆塔高度；a 为线路的保护角。

其中保护角 a 在不考虑地形的变化时，为导线垂直于水平面的垂线和导线与避雷线的连线之间的夹角。当避雷线处于导线以内时，保护角为正角，当避雷线处于导线以外时，保护角为负角。

从式（5-31）和式（5-32）可以看出，保护角越小，绕击率的值越低，为减少绕击的发生，应尽可能地减小线路的雷电保护角。

4. 有避雷线雷击塔顶时的过电压危害防护

根据式（5-18），若 U_j 等于或大于 50%冲击放电电压，绝缘子串将出现闪络。雷击杆塔塔顶时，要求线路的耐雷水平为

$$I = \frac{U_{50\%}}{I(1-K_c)\left(\beta_g R_{ch} + \beta_g L_{gt}/2.6 + \dfrac{1}{2.6}h_d\right)} \tag{5-33}$$

雷击塔顶的耐雷水平与杆塔的冲击接地电阻、分流系数、导线与避雷线的耦合系数、杆塔等值电感，以及绝缘子 50%冲击放电电压有关。因此，应采取降低接地电阻、提高耦合系数等措施，提高线路的耐雷水平。对于一般线路，雷电流

在冲击接地电阻上的压降是塔顶电位的主要部分。耦合系数的增加可以减小雷击塔顶时作用在绝缘子串上的电压，也可以减小过电压分量，提高耐雷水平。常规的做法是将单避雷线改为双避雷线，甚至在输电导线的下方增设耦合地线，其作用是增强导线与地线之间的耦合作用。

5. 雷击避雷线档距中间的过电压危害防护

雷击避雷线档距中间的过电压的幅值与避雷线档距中间与导线之间的空气间隙有关，间隙越大，过电压幅值越小。为避免雷击避雷线档距中间的过电压导致避雷线与导线之间的空气间隙放电，有关规程规定，在档距中间点，避雷线与导线之间的距离

$$s \geqslant 0.012l + 1 \qquad (5-34)$$

式中：l 为档距，即两杆塔之间的距离，m。

因此为避免雷击避雷线档距中间部分，只要避雷线与导线之间的距离大于上式所确定的值，导线与避雷线之间一般不会发生放电。

5.4　雷电对电力设备的危害

电力设备中会大量用到导电的金属材料，在电力设备运行过程中，不同的金属材料甚至同一金属材料的不同部位都会处于不同的电位，因此必须在不同金属材料之间甚至同一金属材料的不同部位采用绝缘材料进行隔离，这种绝缘隔离措施常简称为"绝缘"。绝缘用的材料称绝缘介质，绝缘介质为各类固体、液体和气体等不导电材料，这些材料主要有电瓷、有机材料、绝缘油、六氟化硫气体和空气等，如电力设备中的出线套管一般都是以电磁或环氧树脂等有机材料绝缘；发电机中的线棒则采用环氧云母材料；变压器绕组的对地绝缘和匝间绝缘采用绝缘纸和变压器油等；GIS（气体绝缘组合电器）和部分高压断路器会用到六氟化硫气体等。

对地闪电形成的雷电特点是瞬时的大雷电流、高电压。雷电流幅值最大可达上百千安，如此大的电流流过电力设备绝缘时，会在设备的绝缘两侧形成很高的雷击过电压，电力设备的绝缘状态越好，绝缘电阻值越高，形成的电压幅值越大。雷电的另一特点是持续的时间很短，仅数十到数百个微秒。

当雷击直接发生在电力设备上时，雷电流在电力设备绝缘两侧形成的电压超过绝缘能够承受的最大电压值时，设备就会发生绝缘击穿，造成对地短路，设备

和整个系统就不能够维持正常运行。绝缘材料的击穿主要有两种形式，即"电击穿"和"热击穿"。其中电击穿主要是由于电场的作用，当绝缘材料不能承受外加电场强度时，绝缘材料中分子结构破坏，材料的绝缘性能下降，导致材料放电，即绝缘电击穿。热击穿主要是由于电流的热效应引起，电流流经电阻，电能转换为欧姆热，引起材料温度升高，当材料中的温度超过材料允许的最高温度时，也会引起材料分子结构的破坏，绝缘性能丧失。在实际中，绝缘材料的击穿常常同时伴随有两种过程。

在气体绝缘材料中，其击穿过程是由于电场最集中处的气体电离引起，所以气体绝缘的击穿一般都表现为电击穿，液体和固体绝缘材料的击穿常常表现为"电"和"热"的共同作用下形成击穿。

对地闪电作用的时间极短，雷电造成的击穿常常发生在空气间隙和设备绝缘表面。由于空气的电阻率很高，巨大的雷电流流经导体间的空气间隙或绝缘表面时，在空气间隙和绝缘表面之间形成很高的瞬间电压降。绝缘越好，雷电流幅值越大，瞬间电压值越高。这种极高的瞬间过电压导致空气电离，在间隙间形成放电，在绝缘表面形成闪络。一般气体介质的击穿是暂时的，一旦过电压的作用去掉，间隙或绝缘表面的绝缘即可在很短的时间内恢复到原来的绝缘状态。

液体或固体材料的击穿常常是发生在电效应和热效应的共同作用下，所以，液体或固体材料的击穿和温度有关。一般情况下，闪电形成的雷电流很短，而液体或固体材料中的温度变化是需要时间的，雷电作用下，材料中的温度来不及变化，因此，持续时间很短的闪电电流形成的过电压的击穿电压比工频电压要高。

雷电对电力设备的危害主要是雷击过电压造成电力设备的绝缘击穿。这样的雷击过电压危害主要有雷击过电压侵入波、地电位升高形成的反击过电压两种形式。

5.4.1　雷击过电压侵入波

发电厂、变电站有了直击雷防护措施后，只能防止电力设备遭受直接雷击。在直击雷防护装置发生雷击时，特别是绕击在架空避雷线上发生雷击时，雷击形成的过电压仍然会以各种形式侵入电力设备，对设备造成危害。

电力系统中输电线路的导线对地之间总是存在一定电容，闪电发生在导线上时，由于输电线路的导线对地之间的绝缘电阻值一般都很高，巨大的闪电电流将首先对它们之间的电容充电，绝缘值越高，充电电压值越高，从而形成很高的雷击过电压。这种雷击过电压将以波的形式沿导线传输，在与之相连的电力设备上形成雷击过电压。这种过电压对设备绝缘作用的时间相对于闪电电流的持续时间要长。输电线路导线越长，对地电容也会越大，过电压的持续时间更长。这种通过导线传输到设备上的雷击过电压波，称为雷电入侵波，会引起电力系统设备绝缘击穿，造成设备损坏。

由于整个电力系统，包括输、配电线路、发电厂和变电站中的电力设备都通过输、配电导线连接在一起。系统中任何部位遭受雷击时，形成的雷击过电压都会因金属导线的传导、感应和含铁磁材料设备中的电磁耦合在所有电力设备间传播。这种传播在电力设备的雷击过电压称为"雷电侵入波"。沿金属导线侵入电力设备的雷击过电压波通常都是施加在设备的线端。主要是对设备的对地绝缘和绕组的匝间绝缘构成危害。

发电厂和变电站都设置了完善的直击雷防护措施，雷击电力设备的概率很小，所以雷击过电压主要是雷击输、配电线路的侵入雷电波。

5.4.2 地电位升高形成的反击过电压

输、配电线路中的杆塔、架空避雷线、发电厂和变电站中的避雷针、避雷线、避雷带等接闪装置遭受雷击，巨大的雷击电流通过接地引下线、接地体向地下泄放时，均会在接闪装置接地体及接地电阻上产生电压降，引起接闪装置本体的不同部位及接地体电位升高，习惯上统称为地电位升高。这种电位升高均会在它们附近物体之间的空气间隙及不同接地体之间放电，形成所谓的反击。

反击对电力设备的危害主要有两种情况。一种情况是雷击引起在地表以上区域，当接闪装置及引下线附近有电力设备时，雷击升高的电位会在设备之间存在电位差，从而引起装置对设备之间的放电。这时反击是发生在电力设备上，就有可能引起设备绝缘击穿，造成设备损坏。

另一种情况是雷击前，电力设备包括设备高压端的引出线，相对于雷电都是处于低电位（实际的零电位）。雷击发生时，设备接地端（包括设备的中性点）的电位在瞬间升高到一个很高的幅值，而设备高压线端仍处于低电位状态。这样雷击引起的电位升高直接作用在设备的接地端和设备高压端的引出线之间。当电位升高幅值超过设备绝缘能够承受的最大幅值时，就会引起设备绝缘击穿，造成设备损坏。

和雷击线路的侵入波过电压比较，雷击侵入波过电压都是从设备的高压作用于设备，而地电位升高引起的过电压是从设备的接地端侵入设备，作用在设备的接地端和设备高压端之间，其作用方向刚好与雷击侵入波过电压的作用方向相反。

雷击引起的地电位升高是相对于雷击前接闪装置地表的电位而言，其升高幅值取决于雷电流的大小及接闪装置的接地电阻，可通过测量遭受雷击的接闪装置所处的地表到未遭雷击的无穷远处之间的电位差来确定。在已知接闪装置接地电阻的情况下，也可通过测量雷电流来确定。

在图 5–13 中，一根带金属护层的电缆由远端引致避雷针处，其金属护层两端接地。当雷击避雷针后，雷电流经 R_1 和 $r + R_2$ 的并联电路入地。雷电流在避雷针接地体引起的地电位升高幅值为

$$u_{R1} = i_1 R_1 \qquad (5-35)$$

式中：u_{R1} 为避雷针接地体地电位升高幅值；R_1 为避雷针接地体的接地电阻；i_1 为流经避雷针接地体的雷电流。

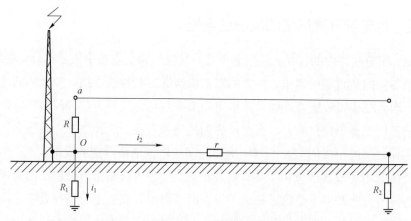

图 5–13   地电位升高引起的反击危害

图 5–13 中，R 为电力设备线端对地的绝缘电阻，正常情况下绝缘电阻会是一个很大的值，和避雷针接地电阻比较，设备线端对地之间相当于开路，此时，避雷针接地体地电位升高幅值全部作用在地和设备的线端之间。

从图 5–13 可以看出，地电位升高形成的电压和雷击线路导线形成的过电压在设备上的作用刚好方向相反，当这一电压的幅值超过设备绝缘能够承受的最大电压时，就会造成设备绝缘击穿，同样会对设备形成过电压危害，即通常所说的反击危害。

在电力生产系统中，反击除对电力设备中的一次设备（亦称强电设备）造成危害外，还会对系统中的二次设备（弱电设备）造成危害。

5.5 电力设备雷电危害防护

由于发电厂、变电站中的电力设备大部分安装在室外，完全暴露在大气中，并且都与暴露在大气中的输、配电线路等通过导线直接连接，或通过设备中的铁磁部件存在电磁耦合；部分设备即使安装在室内，也与暴露在大气中的输电线路和设备通过导线连接在一起。当系统中任何区域发生雷击时，产生的雷击过电压和过电流均会通过导线和电磁耦合在整个系统中传播，对电力设备的安全运行构成威胁。所以，电力设备雷电危害防护也是电力安全生产中的一个非常重要的环节。

电力设备雷电危害防护也包括两个方面：① 设备的直击雷防护，在发电厂和变电站中，所有设备的直击雷防护都是统一考虑的。② 雷击过电压危害防护，主要考虑输、配电线路和发电厂、变电站遭受雷击后形成的过电压通过导线侵入电力设备时，对设备造成危害的防护。

在电力系统中，感应过电压一般不会超过 500kV，故对 35kV 以下电压等级的设备会产生危害，而对 110kV 以上的设备，其绝缘的最小冲击耐压水平已高于这一值，一般不会产生危害，因此，电力设备雷电危害防护的重点是直击雷防护。

5.5.1 发电厂及变电站直击雷防护

在任何情况下，遭受直接雷击时造成的危害最严重，电力设备也是一样。因此，发电厂及变电站内电力设备的雷电危害防护首先是直击雷防护。发电厂、变电站直击雷防护的主要措施是装设避雷针和架空避雷线等接闪装置。接闪装置的安装原则：应该使区域内所有设备均处于避雷针等的直击雷保护范围之内。并应注意，装设避雷针后，雷击避雷针时，泄放的雷电流会引起避雷针处的地电位升高。如果它们与被保护设备的距离不够大，则有可能在避雷针和附近的其他被保护设备之间引起放电，形成反击。此类放电现象不但会发生在地面以上的空气间隙中，而且还会发生在设备中电位不同的导体间。这种情况一旦出现，雷击过电压就会加到电力设备上，导致电力设备绝缘击穿损坏。

在电力生产中，不同电压等级的系统具有不同的运行电压，而所有设备的制造都是按相应的运行电压设计的，设备的这一电压称为电力设备的额定电压，设备的绝缘必须满足在这一电压下长期运行的要求。在电压等级较低的系统中，设备的绝缘等级也较低，抗雷电危害的特性较差，系统电压等级越高，设备的绝缘特性越好，绝缘等级也越高，抗雷击过电压的特性越好。所以，运行电压等级较低的发电厂和变电站，如系统电压为110kV以下发电厂和变电站中的设备，雷电危害问题更突出。

为防止电力设备遭受直接雷击危害，发电厂和变电站必须具有完善的直击雷防护措施。由于发电厂、变电站中电气设备较多，分布的范围较大，单支避雷针的保护范围有限。所以，在发电厂、变电站中需要根据设备安装分布情况，设置多支避雷针，并结合避雷带、架空避雷线等，在发电厂、变电站所有电气设备所在区域中形成一个完整有效的直击雷保护区。

在发电厂、变电站直击雷防护设计过程中，为保证设备的运行安全，必须使电厂或变电站的所有电气设备都处在直击雷保护范围内。因此，必须确定避雷针的保护范围，根据计算确定所安装的避雷针是否使所有电气设备都得到保护。

1. 避雷针

发电厂、变电站避雷针的保护范围的确定与计算和普通避雷针相同，也采用滚球法。由于在发电厂和变电站中，厂房和集控楼等建筑都安装了避雷带，各种构架也都已良好地接地，也可作为对地闪电的接闪器。所以，在利用滚球法确定直击雷保护范围时，应同时考虑架空避雷线、建筑物上安装的避雷带、接地构架等的保护作用。

安装避雷针后，对地闪电都发生在避雷针上，从而避免设备等遭受直接雷击。但雷击避雷针后，雷电流通过避雷针向地面泄放时，会在避雷针的引下线和接地装置的接地电阻上产生电压降，在不同部位之间形成电位差，导致导体间的绝缘间隙放电，形成反击，反击发生在电力设备上时，会对设备造成危害。

35kV电力设备设计绝缘水平相对比较低，其承受地电位升高后的反击能力较弱，35kV变电站内的避雷针要求单独安装，即设置独立避雷针，其接地不与整个发电厂或变电站的主接地网连接。

对于110kV及以上电压等级的电力设备，设计的绝缘等级较高，抗雷击过电压危害特性比电压等级较低的设备好，不易因反击造成危害。因此在电压等级为110kV及以上发电厂和变电站中，如果土壤电阻率比较低（一般小于1000Ω·m），允许将避雷针装设在构架上。构架避雷针不需要另外设置接地体，而将避雷针和发电厂、变电站的接地装置（接地网）连接，有造价低廉、便于布置的优点。但构架一般都离设备比较近，因此，必须确保不会发生雷电反击危害。

为避免雷击引起的反击危害，避雷针和附近的被保护设备之间应保持一定的安全距离。同样的道理，独立避雷针的接地体和主接地网之间也应保持一定的安全距离，以避免主接地网电位升高引起反击危害。

独立避雷针与附近物体或设备之间的距离如图 5–14 所示，雷击避雷针时，避雷针的 A 点（高度为 h）和接地装置 B 点将出现电位 u_A、u_B。

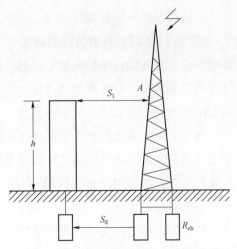

图 5–14　独立避雷针与附近物体或设备之间的距离

$$u_A = iR_{ch} + L\frac{\mathrm{d}i}{\mathrm{d}t} \qquad u_B = iR_{ch} \qquad (5-36)$$

式中：i 为流经避雷针的雷电流，kA；L 为 A、B 两点之间的电感，μH；R_{ch} 为接地装置的冲击阻抗，Ω；$\dfrac{\mathrm{d}i}{\mathrm{d}t}$ 为雷电流的陡度，kA/μs。

若取雷电流 i 为 150kA，波头为斜角波，波长为 2.6/μs，避雷针单位高度的电感为 1.3mH/m，则

$$u_A = 150 \times 10^3 R_{ch} + 1.3 \times h \times \frac{150 \times 10^3}{2.6 \times 10^{-6}}$$

$$= 150R_{ch} + 75h$$

$$u_B = 150 \times 10^3 R_{ch} = 150R_{ch} \qquad (5-37)$$

式（5–37）等号右边前一项持续时间较长，主要影响波尾，后一项持续时间较短，主要影响波头；对前者空气的击穿电压约为 500kV/m，对于后者约为 750kV/m，于是，根据空气和土壤的击穿场强，可以求出不至于发生反击的空气间隙距离和土壤中的距离。

一般情况下，规程建议取雷电流幅值为 $I = 140 \sim 150$kA；$L = 1.7h\mu$H/m；空气的击穿场强为 500kV/m；土壤的击穿场强为 300kV/m；$\dfrac{\mathrm{d}i}{\mathrm{d}t}$ 按斜角波头 $\tau_i = 2.6$μs，根据运行经验，对 S_k 和 S_d 值取

$$S_k \geqslant 0.3R_{ch} + 0.1h, \quad S_d \geqslant 0.3R_{ch} \qquad (5-38)$$

一般情况下，S_k 不应小于 5m，S_d 不应小于 3m。有时候由于布置上的困难，S_d 无法保证，此时可将避雷针的接地体和主接地网连接到一起，该连接点到 35kV 及以下电压设备的接地线入地点，沿接地体的地中距离应大于 15m，因为当雷电冲击电流沿地中的接地体流动 15m 后，在 $\rho > 500\Omega \cdot m$ 时，幅值可衰减到原来的 22% 以下，一般就不会再造成危害了。

对于 60kV 及以上电压等级的电力设备，由于设备设计绝缘水平较高，不易发生反击危害，一般可将避雷针装设在架构上。为了保证接地良好，构架避雷针只允许用在 $\rho > 500\Omega \cdot m$（60kV 电压等级时）、$\rho > 1000\Omega \cdot m$（110kV 电压等级时）的情况。

在电力设备中，变压器的绝缘设计比其他电力设备弱，因此应特别注意装设避雷针的构架接地体距离变压器接地点的电气距离不应小于 15m，这样在雷击引起地电位升高沿地网向变压器接地点传播时，逐渐衰减后到达变压器接地点时，其幅值就已经降低到不至于对变压器形成反击危害。当然，为了保证变压器的运行安全，在变压器的门型构架上是不能装设避雷针的。

2. 架空避雷线

当发电厂和变电站中安装架空避雷线时，和避雷针一样，保证避雷线保护的可靠性的关键仍然是正确地估算雷击避雷线时接地体上形成的电位升高值（过电压），并根据估算的电位升高幅值，确定不发生反击危害的情况下，空气中和土壤中的距离 S_k 和 S_d 值。

采用架空避雷线的直击雷防护有两种布置形式。一种形式是避雷线一端经装置构架接地，另一端对地绝缘；另一种形式是两端都接地。它们要求的空气和土壤中的距离 S_k 和 S_d 是不同的。

（1）一端绝缘，另一端接地的避雷线。

$$S_k \geq [0.3R_{ch} + 0.16(h + \Delta l)]，\quad S_d \geq 0.3R_{ch} \qquad (5-39)$$

式中：h 为避雷线支柱的高度；Δl 为避雷线上参考雷击点与最近支柱间的距离；R_{ch} 为接地体的冲击阻抗。

（2）两端接地的避雷线。

$$S_k \geq \frac{l_2 + h}{l + \Delta l + 2h}[0.3R_{ch} + 0.16(h + \Delta l)]$$

$$S_d \geq 0.3R_{ch}\frac{l_2 + h}{l + \Delta l + 2h} \qquad (5-40)$$

式中：Δl 为避雷线上参考雷击点与最近支柱间的距离；l 为避雷线两支柱间的距离；R_{ch} 为接地体的冲击阻抗。

避雷针、避雷线的 S_k 一般不宜小于 5m，S_d 一般不宜小于 3m，在可能的情况下，应适当加大 S_k 和 S_d 的值。

3. 避雷针安装时的注意事项

（1）独立避雷针距离人行通道 3m 以上，保证人员不会遭受跨步电压危害。

（2）严禁将架空照明线等其他导线安装在避雷针上或其架构上。

（3）电厂主厂房上一般不再装设避雷针，以免发生感应或反击使继电保护误动或造成设备绝缘损坏。

（4）考虑到输、配电线路的设计绝缘水平都比电力设备高，站内设备、人员，特别是各种微电子设备承受雷电危害能力较弱，所以各种电压等级的变电站中，输电线路的架空地线都应在线路终端最后一级杆塔上接地，而引入变电站的架空避雷线，一般不应直接连接到发电厂和变电站内的构架上，而应通过绝缘子和构架连接，并在绝缘子两侧并联放电间隙，这样可以避免雷击架空避雷线时，雷电流流入发电厂或变电站主地网引起主地网电位升高而形成反击危害。

5.5.2 电力设备雷击过电压保护

电力系统分为不同的电压等级，系统中的设备工作于不同的系统电压下，设备的绝缘结构都是根据不同电压等级的需要设计和制造的。电压等级较低的系统，设备的绝缘能够承受的电压作用比电压等级较高的设备要低，但在运行中都处于几乎相同的雷电环境中。220kV 以下系统中的高压电器，雷电危害防护问题比较突出，而电压等级更高的系统中的设备遭受雷电危害可能性减小。

显然加强设备绝缘可以增加设备对长期运行电压和各种过电压作用的承受能力，避免设备绝缘损坏。但设备的绝缘结构与设备的制造成本密切相关，所以，设备绝缘结构设计主要考虑长期运行电压的作用，而对于雷击时产生的雷击过电压危害防护，除在设备生产过程中的绝缘结构设计时加强设备绝缘，并采合理的技术措施，提高设备抗雷电危害特性外，更主要的是在系统中采用放电间隙、避雷器等器件，对雷击过电压加以限制，防止在电力设备上出现超过设备绝缘能够承受的最大的雷击过电压值。

归纳起来，电力设备的雷电危害防护实际包括两个方面。

（1）利用雷击过电压保护器件，限制雷击发生时出现在电力设备上的雷击过电压幅值，确保在设备绝缘上不会出现超过其承受能力的过电压幅值。

（2）在设备制造过程中，针对雷电主要特点，采用合理的绝缘结构，改善设备绝缘中的电场分布，可使设备承受雷击过电压的能力得到改善和加强。所以，所有电力设备在制造过程中，都应分析雷击时雷电在设备上作用的特点和规律，采用合理的绝缘结构，使设备具有良好的防雷电危害特性，并按有关设备的技术标准要求，进行雷电冲击耐受电压试验，以使设备耐受一定强度的雷击过电压的能力得到保证。

当输电线路上发生雷击时，在导线上形成雷击过电压，这种过电压以雷电波的形式沿线路传播，侵入发电厂、变电站内的电力设备，给设备造成危害。雷击过电压形成的高幅值的雷电侵入波沿导线传输会产生冲击电晕，降低侵入雷电波的陡度和幅值；导线自身的波阻抗亦可减小出现在电力设备上的雷击过电压幅值，也可限制流过避雷器的冲击电流。因此，当线路雷击距离发电厂、变电站比较远时，传输至设备上的雷击过电压的侵入雷电波的陡度和幅值可明显减小，对设备的危害也会减小。而当雷击距离发电厂、变电站很近时，传输至设备上的雷击过电压的侵入雷电波的陡度和幅值会明显增大，对设备的危害更严重。所以尽可能地减少发电厂、变电站附近线路的雷击，对限制出现在电力设备上雷击过电压的陡度和幅值是有利的。

安装避雷器是限制雷击过电压的主要措施，为保证雷击后，电力设备上不出现危害设备安全运行的过电压。避雷器的特性应能够满足相应电压等级设备对雷击过电压的防护要求。这种要求是通过电力设备绝缘雷电冲击电压耐受试验参数和避雷器的保护特性之间的配合来达到的，称绝缘配合。按系统设备绝缘配合标准要求，通过对避雷器的额定电压、持续运行电压、起始动作电压、残压、荷电率、压比等参数，选择并在系统中安装合适的避雷器，即可有效防止雷击过电压对高压电力设备的危害。

发电厂、变电站内的电力设备直接和输电线路相连，尽管输电线路也采取了架设架空避雷线等防直接雷击措施，但由于绕击等情况的发生，线路导线遭受直接雷击的可能仍然难以避免。雷击侵入雷电波都是产生于对地闪电形成的直接雷击过程中，主要有两种情况，一种是闪电直接击中线路导线形成雷击过电压，通过导线侵入电力设备；另一种情况是雷击发生在避雷线、杆塔等其他物体上时，在导线上形成的感应过电压，通过导线侵入电力设备。

实际中除通过安装避雷器限制侵入雷电波幅值，还在距变电站适当距离处，

设置可靠的进线保护段,利用导线上高幅值入侵波所产生的电晕,降低入侵波的
陡度和幅值,利用导线自身的波阻抗限制雷电冲击电流幅值,共同构成发电厂、
变电站电力设备线路侵入波过电压危害的防护。

5.5.3 电力设备雷击过电压保护器件

电力设备雷击过电压保护器件主要有保护间隙、管式避雷器、阀式避雷器、
磁吹式避雷器、金属氧化物避雷器等。其中保护间隙主要用于 3~10kV 电网中,
它有一定的限制过电压效果,但不能避免过电压引起供电中断。其优点是结构简
单、价格低廉,缺点是保护效果差,与被保护设备的伏秒特性不易配合,动作后
会产生截波,对变压器匝间绝缘有很大威胁。因此它往往需要和其他防护措施配
合使用。

20 世纪 80 年代以前,电力设备雷击过电压保护的各型避雷器阀片材料都为
碳化硅(SiC),现在的避雷器采用的都为氧化锌阀片,由于氧化锌阀片组成的避
雷器具有非常理想的伏安特性,所以近年来其他型式的避雷器已全部被氧化锌避
雷器所取代。

1. 避雷器保护的动作过程

如图 5-15 所示,当避雷器动作后,其电压波形可由图解法或解析法求得。
从图 5-15(b)可以看出,电压波有冲击放电电压(点 A)及残压(点 B)两个
峰值。因为避雷器的伏秒特性较平,一般冲击放电电压不随入射波陡度而变化,

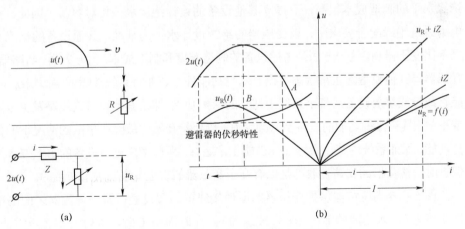

图 5-15 电压侵入时避雷器电压图解

(a)接线及等值电路;(b)图解法

可视为一定值；残压虽然与流过避雷器的电流有关，但阀片是非线性的，在流过避雷器雷电流很大范围内，残压的变化很小，避雷器的残压与其全波冲击放电电压大致相等，这样避雷器上的电压波形可简化成一个斜角平顶波。

上述结果是在有间隙阀式避雷器动作后得出的。对于氧化锌避雷器，该过程也是类似的。金属氧化物避雷器不但有很好的非线性特性，而且不出现间隙放电时有一个负的电压跃变现象，也就是说，开始时避雷器端点电压始终是上升的，但到一定数值以后，电压几乎不随电流增大而变化。

2. 被保护设备上的过电压

避雷器动作后，可将侵入波过电压幅值限制在设备允许的最大电压以内。如果避雷器能够直接接到设备线端，则运行过程中，只要避雷器的冲击放电电压及残压低于设备的冲击试验电压，就能避免侵入波危害，使设备得到保护。但是由于系统布置困难，而且一组避雷器往往需要保护多组设备，所以避雷器到设备之间不可避免地会有一定距离。在这种情况下，避雷器动作时，由于波的折射与反射，会使作用在设备上的电压高于避雷器的冲击放电电压或残压，从而影响避雷器的保护效果。而从来波方向看，避雷器既可能处在被保护设备前面，也可能处在后面。在这种条件下，避雷器是否能使所有范围内的设备都得到保护，这是发电厂、变电站电力设备线路侵入波过电压危害防护设计必须考虑的主要问题。

在变电站中，所有设备都必须在雷电侵入波保护范围内。电力变压器是变电站设备的核心，由于变压器体积大、结构复杂，制造过程中，提高变压器结构的绝缘水平的制造成本很高，而提高其他设备的设计绝缘水平相对容易。因此，在电力系统绝缘配合要求中，以变压器的绝缘设计水平为基准，其他设备的绝缘水平都比变压器高。这一方面是考虑设备的制造难度和制造成本，另一方面，断路器、互感器等其他设备除正常状态下设备本身功能外，还兼有系统故障或事故情况下，能将故障或事故设备从整个系统中切除的保护功能。即使其他设备或线路发生故障或事故，具有保护功能的设备都必须完好，以保护在发生故障或事故的情况下的保护功能，保证系统中其他完好部分仍能正常运行。所以考虑电力设备的雷电侵入波保护时，避雷器的安装一般都是以有利于变压器的雷电危害防护来布置的。

图 5-16 为避雷器保护变压器的原理接线图。假设避雷器与变压器之间的电气距离为 l，入侵波的陡度为 a，波速为 v。在时间 $t=0$ 时，入射波到达避雷器，该处的电压将按 $u_R = at$ 上升，如图 5-17 中的曲线 1，经过时间 $\tau = l/v$ 后，入侵波到达变压器端部 T。

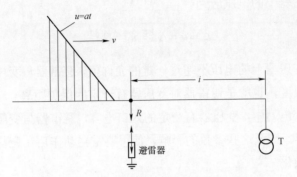

图 5-16 避雷器保护变压器的原理接线图

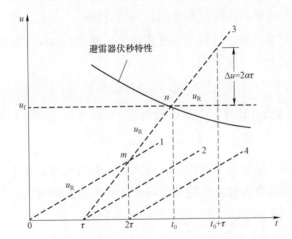

图 5-17 避雷器保护设备时避雷器及设备上的电压波形

若不计变压器入口电容,波到达变压器端部时发生全反射。图中曲线 2 为端部的入射波,反射波应与它相同,变压器上的电压应为入射波和反射波的和,即 $u_T = 2a(t-\tau)$,其陡度为 $2a$,用曲线 3 表示,可见斜率为曲线 2 的两倍。当 $t \geqslant 2\tau$ 时,$u_R = at + a(t-2\tau) = 2a(t-\tau)$。在 2τ 至避雷器动作前这段时间内 $u_R = u_T$。假定 u_k 为在 $t = t_0$ 时上升到避雷器的放电电压,避雷器动作,限制了 R 点的电压 u_R 继续上升,由于阀片的非线性特性,u_R 的曲线基本上为水平直线。避雷器放电后限制电压的效果经过时间 τ,即 $t = t_0 + \tau$ 才能到达变压器。在这段时间 τ 内,变压器上的电压仍以 $2a$ 的陡度上升。由图 5-17 可以清楚地看出,变压器上最大电压将比避雷器上的电压高出 Δu,其数值为

$$\Delta u = 2a\tau = 2a\frac{l}{v} \tag{5-41}$$

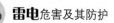

也就是说，变压器上的电压应为

$$u_T = u = \Delta u = u_R = 2a\frac{l}{v} \tag{5-42}$$

为了保证变压器上的电压不超过一定的允许值，避雷器与变压器之间的电气距离应有一定限度，也就是避雷器对变压器有一定的保护距离。

在实际的变电站中，变压器有一定的入口电容，避雷器与变压器之间的连线也有电感、电容。计及这些参数的影响，使得避雷器动作后在避雷器与变压器之间的波过程复杂化。

图5-18给出了雷电波侵入时变压器上电压的典型波形。这种波形与全波相差很大，对变压器绝缘的作用与截波的作用较为接近，因此，常用变压器耐受截波的能力来表示变压器运行过程中承受雷电波的能力。这样可以确定变压器与避雷器之间允许的最大电气距离为

$$l_m \leqslant (u_j - u_R)/(2a/v) \tag{5-43}$$

若以空间陡度 a'(kV/m) 计算，上式可改写为

$$l_m \leqslant (u_j - u_R)/2a' \tag{5-44}$$

以上是从最简单的情况来考虑的，事实上设备的电容、变电站引线的阻抗、冲击电晕和避雷器电阻的衰减作用等均可使实际情况变得更为有利。

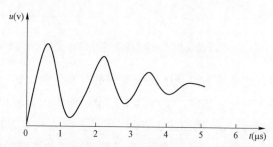

图5-18　雷电波侵入时变压器上电压的典型波形

5.5.4　发电厂及变电站进线保护

当线路遭受雷击时，线路上将有行波沿导线向变电站运动，线路的冲击放电设计值比行波幅值高，以使行波不至于导致线路放电。线路的冲击放电设计值比变电站设备的冲击电压设计值高得多，如果线路没有架设避雷线，线路遭受雷击时，行波到达变电站会导致变电站设备产生雷电危害。

雷击点距离变电站较远时，线路的波阻抗值较大，行波受线路的波阻抗值影响，电流到达变电站时，其幅值和陡度减小，对设备的危害程度降低。而当雷击发生在进入变电站附近的一段线路上时，线路的波阻抗值较小，流过避雷器的雷电流幅值和行波陡度都可能超过允许值，从而会导致变电站设备产生雷电危害。运行经验表明，变电站 50%的雷电危害事故是离变电站 1km 以内雷击线路引起的，71%的是由离变电站 3km 以内的雷击线路引起的。所以，加强变电站进线段的防雷保护十分重要。因此，在靠近变电站的一段进线上，必须加装避雷针（线），以减少和避免这一段线路遭受雷击，以减小变电站的雷电危害事故。

对于35～110kV 线路，并不要求全线架设避雷线进行保护，但在靠近变电站的1～2km 范围内应装设避雷线、避雷针或其他防雷装置，通常称这种措施为变电站进线防雷保护。

对于全线都有避雷线的线路，把靠近变电站附近2km 的一段也称为变电站进线段，它除了线路防雷，还要担负着避免和减少变电站雷电行波危害的作用。

避雷线的布置方式，即保护角的大小会影响雷击线路的概率，当保护角过大时，线路上将会发生绕击。在变电站进线段，避雷线的保护角不应超过20°，这样可有效减少发生雷击线路的概率。

线路首端和末端装设避雷器，当出现较高的过电压时，避雷器动作也可对过电压的幅值进行限制。

1. 流过避雷器的冲击电流

图 5–19 为变电站行波保护接线。可以认为最危险的雷击是发生在进线段的首端，而来波的幅值一般被限制在进线段绝缘的$U_{50\%}$。

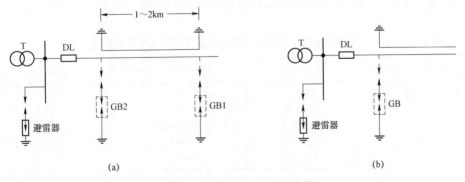

图 5–19 变电站行波保护接线

（a）未全线架设避雷线进线保护；（b）全线架设避雷线进线保护

由于波在 $1\sim2\,\mathrm{km}$ 进线段来回一次的时间为 $2l/\upsilon\geqslant(2000\sim4000)/300=$ $6.7\sim13.3\mu\mathrm{s}$，这已超过侵入波的波头时间，即避雷器动作产生的负反射波折回到雷击点，又在该点产生负反射波再到达避雷器而加大电流时，流过避雷器的电流早已超过进波的峰值，用图 5-20 中的等值电路可对其进行计算，即

$$2U_{50\%}=IZ+u_{\mathrm{R}}\qquad u_{\mathrm{R}}=f(t)\qquad\qquad(5-45)$$

式中：$U_{50\%}$ 为侵入电压波；Z 为线路波阻抗；$f(t)$ 为避雷器的伏安特性。

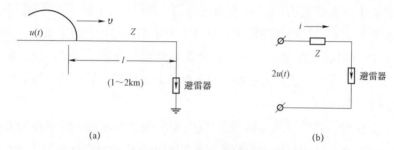

图 5-20　一条出线时，计算流过避雷器电流的等值电路

（a）接线图；（b）等值电路图

由以上方程可求得

$$I=\frac{2U_{50\%}-u_{\mathrm{R}}}{Z}\qquad\qquad(5-46)$$

如对于 220kV 线路，取 $U_{50\%}=1200\,\mathrm{kV}$，$Z=400\Omega$，$u_{\mathrm{R}}=664\,\mathrm{kV}$，则

$$I=\frac{2\times1200-664}{400}=4.34(\mathrm{kA})\qquad\qquad(5-47)$$

计算表明，流过避雷器的最大冲击电流不会超过 5kA。用同样的方法计算出不同电压等级线路中流过避雷器的冲击电流最大值如表 5-2 所示。

表 5-2　　计算不同电压等级线路中流过避雷器的冲击电流最大值

额定电压（kV）	避雷器型号	线路绝缘的 $U_{50\%}$(kV)	i_{b}(kA)
35	FZ-3	350	1.41
110	FZ-110J	700	2.67
220	FZ-220J	1200-1400	4.35-5.38
330	FCZ-330J	1645	7.06
500	FCZ-00J	2060-2310	8.63-10

从表 5-2 可以看出，35~220kV 线路的冲击放电电压比较低，雷击进线段外，

流过避雷器的电流不会超过 5kA，因此当选用避雷器保护变电站，一般电压为 220kV 及以下电压等级时用 5kA 下的残压为准，而在 330kV 及以上电压等级时用 10kA 下的残压为准。

2. 进波陡度

在最不利的情况下，在进线段首端落雷，侵入雷电波的最大幅值为线路的 50%冲击闪络电压。当此电压幅值超过导线电晕的临界电压时，导线在侵入波的作用下将发生冲击电晕。由于电晕要消耗能量，从而导致侵入波的衰减和变形，其波头的长度为

$$\Delta\tau = \left(0.5 + \frac{0.008u}{h_{dp}}\right)l \qquad (5-48)$$

式中：u 为原始波形上的某瞬时电压幅值；l 为行波传播的距离；h_{dp} 为导线平均悬挂高度。

如果雷击使进线段首端反击，则导线上便突然出现雷电波，其波头的时间 τ_0 接近于零，此波经过距离 l_0 后，其陡度为

$$a = \frac{U}{\Delta\tau} = \frac{U}{\left(0.5 + \dfrac{0.008U}{h_{dp}}\right)l_0}$$

$$= \frac{1}{\left(\dfrac{0.5}{U} + \dfrac{0.008}{h_{dp}}\right)l_0}\text{(kV/μs)} \qquad (5-49)$$

在比较短的距离内，可令波速为 300m/μs，则有

$$a' = \frac{1}{300} \times a = \frac{1}{300} \times \frac{1}{\left(\dfrac{0.5}{U} + \dfrac{0.008}{h_{dp}}\right)l_0} = \frac{1}{\left(\dfrac{150}{U} + \dfrac{0.008}{h_{dp}}\right)l_0}\text{(kV/m)} \qquad (5-50)$$

应该指出，尽管来波幅值较高，并由线路绝缘的冲击放电电压决定，但由于变电站中装有避雷器，当侵入波到达母线时，入侵波通过避雷器来限制，人们关心的是电压由零上升至避雷器冲击放电电压（或残压）所需要的时间，所以用以上公式计算来波陡度时，U 值应取避雷器冲击放电电压（或残压）。入侵变电站雷电波的计算陡度见表 5-3。

表 5-3   变电站侵入波陡度计算

额定电压 (kV)	侵入波的计算陡度 (kV/m)		额定电压 (kV)	侵入波的计算陡度 (kV/m)	
	1km 进线段	2km 进线段或全线有避雷线		1km 进线段	2km 进线段或全线有避雷线
35	1.0	0.5	220	—	1.5
60	1.1	0.55	330	—	2.2
110	1.5	0.75	500	—	2.5

在图 5-19 变电站行波保护接线方式中，还安装了避雷器 GB1 和 GB2。其作用主要考虑对于冲击绝缘水平比较高的线路，其侵入波的幅值比较高，流过避雷器的电流可能超过规定值，因此，需要在进线段的首端加装避雷器 GB1 以限制侵入波幅值，并且要求避雷器所在杆塔的接地电阻值应降到 10Ω 以下，以减少反击。同时，由于在雷雨天气时，进线的断路器和隔离开关可能处于断开状态，而线路侧有可能带有工频电压，当线路有雷电侵入波袭来到达开路的末端时，电压将上升到 $2U_{50\%}$，这时可能使断路器绝缘放电并产生工频电弧，所以还加装了避雷器 GB2 以保护断路器。在断路器闭合运行过程中，GB2 应处于站内进线保护避雷器的保护范围内，避免 GB2 动作产生截波危害变压器的纵绝缘和相绝缘。

对于 35kV 小容量变电站可根据雷电活动强弱程度采用简化的进线保护，如图 5-21 所示。这是因为 35kV 小容量变电站中，接线简单，设备尺寸和安装距离小，变压器和避雷器之间的电气距离一般都可以在 10m 以内，允许侵入波有较高的陡度，因此可缩短进线段长度，一般为 500～600 m。

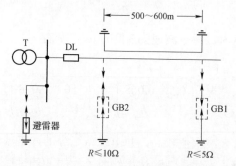

图 5-21　35kV（5000kVA）变电站的简化保护进线

对于 35kV 变电站，若进线段架设避雷线有困难，或进线杆塔的接地电阻很难降低，满足不了耐雷水平的要求，可在进线终端杆塔上安装一组 1000μH 左右的电感线圈来作为进线保护措施，如图 5-22 所示。此电感线圈既能减小流过避雷器的雷电流，又能降低侵入波的陡度。

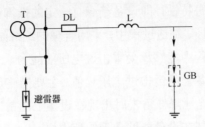

图 5-22 用电抗器代替进线段避雷线保护接线

5.5.5 地电位升高对设备反击危害防护

地电位升高对设备形成的反击危害既可能发生在接闪装置的地表以上部位对设备之间的空气放电，也会通过设备的接地端从相反方向作用于设备。从图 5-13 可以看出，对于不同的 r、R、R_1、R_2 组合，因反击造成的损坏可能发生在回路中的任何一个位置。由于反击的这一特点，极大地增加了反击危害的防护难度。

对于电力系统中的一次设备，预防反击危害的主要措施有两点：

（1）由于接地体地电位升高，接闪装置对设备放电形成的危害可通过增大它们之间的距离来避免，这时只要接闪装置和被保护设备之间的空气间隙距离满足式（5-38）的要求，就不会发生这样的危害。

（2）地电位升高是否会对设备造成危害及危害程度，取决于电位升高的幅值。根据式（5-35），雷电流一定时，电位升高幅值和接地体的接地电阻成正比，尽可能降低接地体的接地电阻，可降低地电位升高幅值，减少避免地电位升高对设备形成的反击危害。

5.6 电力设备雷电危害防护特性

在电力系统中，所有电器设备，包括电力生产和用电设备都通过导线连接在一起，构成了一个巨大的电力生产、输送、分配和用电网。系统中任何设备故障或事故，均会对整个系统产生影响。所以系统中的所有设备都必须处于安全运行的保护措施中。设备的雷击过电压防护也是一样，所有设备都应处在雷击过电压的保护范围内。

设备的雷击过电压防护实际上包括两个方面。首先各种设备本身必须具有一定的防止雷击过电压危害特性，即设备绝缘有一定的抵御雷击过电压的能力。具体措施是在电力设备设计、制造过程中，采用合理的绝缘结构、良好的绝缘材料，使设备具有满足运行过程中能够承受雷击过电压的能力。同时应尽可能地限制设备运行过程中出现在设备上的雷击过电压幅值。主要措施是通过改变设备安装布置、接线方式等，尽可能地降低雷击时出现在设备上的雷击过电压幅值；采用避雷器将雷击过电压值限制在设备能够承受的范围内。

电力设备雷击过电压防护特性必须通过一定的过电压试验确定。有关国家或生产企业对高压电器设备产品承受雷击过电压水平提出了要求，在各类电器设备产品标准中，严格规定产品定型生产前都必须通过相关产品的型式试验才能投入生产。电器设备承受雷击过电压的水平是通过一定波形雷电冲击电压耐受试验来确定。

5.6.1 发电机组雷击过电压防护特性

电力系统中的发电机组是系统中最重要的部分，是电力系统的"心脏"。由于发电机组运行时处于旋转状态、用于发电机组绝缘的材料和部件时刻处于振动状态，不可避免地会发生磨损，因此，发电机组绝缘不但要承受系统电压产生的"电""热"作用，还要承受振动形成的"机械"作用。

发电机组虽然安装在室内，但也会受到雷击过电压的作用。输电线路上的雷电波到达变压器后，会通过静电感应和电磁感应进入发电机组。一些直接通过架空线路向用电设备供电的发电机组（称直供机组），在架空线路发生雷击时，雷击过电压将直接通过架空线作用于发电机绝缘。

同时，由于发电机结构特殊，发电机制造时，其绝缘水平相对比较低，其出厂时的冲击耐压值只有同电压等级的变压器的 1/3 左右。这主要是发电机不能像变压器那样采用绝缘性能更好的油浸纸绝缘结构，而且发电机绕组中电场极不均匀部位也不能像变压器绕组那样采用电容补偿的方法，改善电场分布。所以发电机组防雷更为重要。

雷电波在发电机绕组中的传播过程和在输电线路中的传播过程相同。当不考虑损耗时，波在传播过程中将不发生衰减变形。设发电机绕组所施加的雷电波的陡度为 a，波在绕组中的传播速度为 v，绕组每匝的长度为 l_z，则作用在发电机绕组匝间绝缘上的电压为

$$u_z = \frac{al_z}{v} \tag{5-51}$$

如果已知发电机绕组的匝间耐压的电压为 U_f，则雷电波不至于引起发电机匝间绝缘损坏的来波陡度为

$$a_y = \frac{U_f v}{l_z} \tag{5-52}$$

实际上波沿绕组传播时，铁芯、导线及绝缘中的损耗会使波的幅值有所降低，波的衰减按下式求得

$$U' = Ue^{-\delta S} \tag{5-53}$$

式中：U 为发电机绕组首端电压；U' 为发电机绕组末端电压；S 为绕组长度；δ 为衰减系数，对于中小容量发电机和单绕组大容量发电机，衰减系数可取 $0.0005 \, \mathrm{m^{-1}}$，对于双绕组大容量发电机，衰减系数可取 $0.0015 \, \mathrm{m^{-1}}$。

因此，实际上来波作用在发电机绕组匝间绝缘上的电压比式（5-51）确定的值要低。在防雷设计中一般来波陡度不超过 $5\mathrm{kV/\mu V}$，不至于引起发电机的匝间绝缘损坏。

发电机绕组主绝缘所受冲击电压与绕组的接线方式及进波状态有关。在图 5-23 中，中性点经电阻 R_0 接地，在三相进波的一般情况下，绕组中性点电压为

$$U_N = \frac{2R_0 U_0}{R_0 + Z_3} \tag{5-54}$$

式中：U_N 为发电机中性点电压；Z_3 为发电机三相波阻抗；U_0 为进入发电机绕组的电压波。

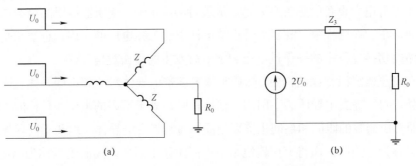

图 5-23 发电机绕组三相进波的等值计算电路

（a）发电机三相绕组进波；（b）三相进波的等值计算电路

从式（5-54）可以看出，当 $R_0 = Z_3$ 时，$U_N = U_0$，此时中性点电压等于来波电压；当 $R_0 \to \infty$ 时，$U_N = 2U_0$，即中性点附近的主绝缘所承受的电压将达到来波的两倍。随着反射波的传递，$2U_0$ 的电压将逐渐作用于整个主绝缘。

当发电机采用三角形接线时，由于绕组两端进波，主绝缘所受的最大电压将出现在绕组的中部，其电压值也将达到首端电压的两倍。

为降低作用在星形或三角形接线的发电机主绝缘上的过电压，可采用加大限制来波陡度的办法。因为上述中性点电压是根据直角波得出的，降低来波陡度，使之在波头部分波在绕组中发生多次折射、反射，有效降低开路末端的电压。一般情况下，如果将来波的陡度限制在 $2kV/\mu V$ 以下，发电机中性点附近的电压超过绕组首端电压不会太多，可认为二者基本上相等。

5.6.2 变压器雷击过电压防护特性

电力设备雷电危害主要是由对地闪电雷击线路引起的雷击过电压通过线路侵入变电站引起。危害情况和雷电波幅值、陡度及变电站侵入波危害防护措施等相关。但对于变压器，遭受的雷电危害还与雷电波在变压器绕组中的瞬变过程引起的电压分布密切相关。因此，对于变压器完全依靠避雷器等外部雷电危害的防护措施，是很难完全避免侵入波对变压器绝缘的危害，还应在变压器绝缘结构上采取措施，改善瞬变过程引起的电压分布，加强内部保护，提高变压器本身的雷电危害防护特性。

尽管变电站采取进线侵入波危害防护措施，但是，在所有电力设备中，由于变压器结构上的特殊性，其雷电危害防护又有其独特的具体要求。变压器雷电危害防护可分为"内部保护"和"外部保护"两部分。

雷电对电力设备的危害主要是造成设备绝缘击穿。变压器绕组的绝缘结构比较复杂，在运行过程中，既要承受正常运行中的工频电压的作用，也要承受电网中断路器切换过程中的操作过电压和雷击时发生的雷击过电压。

在变压器绕组绝缘结构中，除通常情况下带电导体对地和不同导体之间需要绝缘外，同一绕组中导体的不同部位在运行时是处于不同的电位，导体的不同部位，即变压器绕的匝间和层间也需要绝缘。通常将带电导体对地和不同导体之间的绝缘称为主绝缘，而将变压器绕组中不同匝和不同层之间的绝缘称为纵绝缘。在变压器绝缘设计时，主绝缘基本上是根据工频试验电压的要求设计，并通过工频耐压试验进行考核；纵绝缘则主要是根据冲击试验电压的要求设计，通过冲击耐压试验进行考核。

雷电侵入波可对变压器绝缘造成危害，其中对主绝缘的危害可通过避雷器进行有效防护，而对变压器纵绝缘的危害，仅仅依靠避雷器，难以进行有效防护，这主要是由于变压器绕组绝缘结构的特点和雷电波在绕组中的异常波过程造成的。

1. 变压器绕组内的波过程

雷电冲击过电压是变压器绝缘损坏的最重要原因之一，在雷电波冲击过电压作用下，变压器绕组中的电压分布是不均匀的，有时甚至在绕组中引起振荡，这对绕组的绝缘更为不利。

变压器在工频电压作用下的等效电路很简单，它只包括线圈的电感和电阻，而可以不计其电容。在高频电压或冲击波作用下，则必须考虑绕组间的电容及绕组对地电容的影响。此外，电磁的关系更为复杂，因为当电磁波扩散时，各匝之间的电流相差很大，最后在铁芯中发生了和导磁系数改变有关的非常复杂的过程。严格的等效电路分析是很困难的，因此只能利用简化的等效电流来分析一些主要过程，而不计及其他次要的因素。

图5-24为变压器绕组的简化等效电路，其中只考虑了高压绕组的电感和电容，即匝间电容、层间电容和对地电容，而忽略了低压绕组和绕组的电阻、互感作用、铁磁作用等。

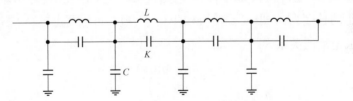

图5-24　变压器绕组的简化等效电路

设绕组全长（即高度）为 l，总电感为 L_0，总电容为 C_0，串联总电容为 K_0，则单位长度绕组匝间互感 L，单位长度的对地电容 C，单位长度的串联电容 K 分别为 $L = L_0 / l$，$C = C_0 / l$，$K = K_0 l$。

在分析电压沿绕组的分布情况时，最有实际意义的是非周期性冲击波和高频（20~100kHz）振荡波对变压器的侵袭情况。在此只对最简单的无限长矩形波进入绕组的情况进行分析。无限长矩形波相当于波首极短、波长极长的冲击全波。

在具有 L_0 和 C_0 的储能元件回路中，当电容器上的起始电压和稳态电压间有差别而回路损耗又较小时，电容上的电压 u_C 将发生振荡。振荡将围绕稳态值进行，其幅值取决于起始电压和稳态电压之差，振荡频率则由回路参数决定。从这一概念出发，先求出直流电压（无限长矩形波）进入 $L-C-K$ 分布参数回路时电容上电压的起始分布和稳态分布，再设法确定其振荡规律。

在图 5-25 中的简化电路中，施加一幅值为 E_0 的无限长矩形波时，在开始瞬间，由于波首很陡（相当频率于很高），绕组的电感可以认为是开路，电压沿绕组长度分布完全由电容决定，这种电压分布通常称为"起始分布"。

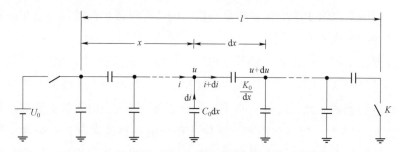

图 5-25 直流电压开始作用的瞬间，绕组的等值电路

显然，所有的 $C_0 \mathrm{d}x$、$K_0/\mathrm{d}x$ 的充电过程都将在瞬间完成。各个 $C_0 \mathrm{d}x$ 所获的电压决定了绕组的起始电压分布。由于 $C_0 \mathrm{d}x$ 的分流作用，流过每一个 $K_0/\mathrm{d}x$ 的电流将不同，每个 $K_0/\mathrm{d}x$ 所获得的电荷也将不同，越靠近首端的 $K_0/\mathrm{d}x$ 所获得的电荷就越多，压降也越大。所以在起始状态，电压沿绕组的分布是不均匀的。

因绕组的长度为 l，取离首端为 x 的任一一段，可以写出电容 $K_0/\mathrm{d}x$ 上的电压和流过的电流的关系为

$$i = -\frac{K_0}{\mathrm{d}x}\frac{\partial(\mathrm{d}u)}{\partial t} \tag{5-55}$$

以及电容 $C\mathrm{d}x$ 上的电压和流过的电流的关系为

$$\mathrm{d}i = -C_0 \mathrm{d}x\frac{\partial u}{\partial t} \tag{5-56}$$

由以上两式消去 i，即可求得描述绕组上电压起始分布的一般方程为

$$\frac{\mathrm{d}^2 u}{\mathrm{d}x^2} = \frac{C_0}{K_0}u \tag{5-57}$$

上式的解为

$$u = Ae^{ax} + Be^{-ax} \tag{5-58}$$

式中：$a = \sqrt{C_0 / K_0}$ ，而常数 A 和 B 则可通过边界条件确定。

当绕组末端（中性点）接地时，边界条件为：当 $x = 0$ 时，$u = U_0$ ；当 $x = l$ 时，$u = 0$ 。

将其代入式（5−58），可得

$$A = -U_0 \frac{e^{-al}}{e^{al} - e^{-al}} \qquad (5-59)$$

$$B = U_0 \frac{e^{al}}{e^{al} - e^{-al}} \qquad (5-60)$$

此时电压沿绕组的起始分布将为

$$u = \frac{U_0}{e^{al} - e^{-al}}[e^{a(l-x)} - e^{-a(l-x)}] \qquad (5-61)$$

或

$$u = U_0 \frac{\sin a(l-x)}{\sin al} \qquad (5-62)$$

但末端开路时（图中开关 K 断开时），边界条件为：当 $x = 0$ 时，$u = U_0$ ；当 $x = l$ 时，$i = 0$ 或 $\frac{\partial u}{\partial x} = 0$ 。

由此可得 $A = U_0 \dfrac{e^{-al}}{e^{al} + e^{-al}}$ ， $B = U_0 \dfrac{e^{al}}{e^{al} + e^{-al}}$ 。而电压沿绕组的起始分布为

$$u = \frac{U_0}{e^{al} + e^{-al}}[e^{a(l-x)} + e^{-a(l-x)}] \qquad (5-63)$$

或

$$u = U_0 \frac{\cos a(l-x)}{\cos al} \qquad (5-64)$$

从式（5−62）和式（5−64）可以看出，绕组的起始电压分布和绕组的 al 值有关。其中

$$a = \sqrt{C_0 / K_0} = \frac{1}{l}\sqrt{C / K} \qquad (5-65)$$

可见，绕组的起始电压分布取决于全部对地电容 $C_0 l$ 与全部纵向电容（串联的匝间电容）K_0 / l 比值的平方根。图 5−26 为绕组末端接地与不接地情况下，不同的 al 值时绕组起始电压分布曲线。由图中曲线可知，电压分布的不均匀程度将随 al 值的增大而增大，其最大电位梯度出现在绕组的首端。

根据式（5−62）可以求得，在绕组末端接地时，首端的最大电位梯度为

$$\left.\frac{\mathrm{d}u}{\mathrm{d}x}\right|_{x=0} = U_0 a \left.\frac{\cos a(l-x)}{\sin al}\right|_{x=0} = aU_0 \cot al \qquad (5-66)$$

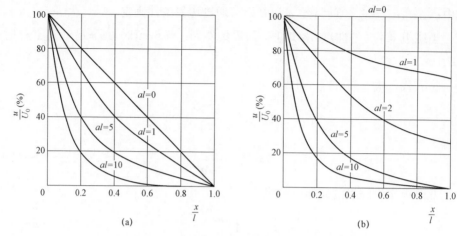

图 5−26　不同 al 值绕组的起始时电压分布
(a) 绕组末端接地；(b) 绕组末端开路

根据式（5−64）可以求得，在绕组末端开路时，首端的最大电位梯度为

$$\left.\frac{\mathrm{d}u}{\mathrm{d}x}\right|_{x=0} = U_0 a\left.\frac{\sin a(l-x)}{\cos al}\right|_{x=0} = aU_0 \tan al \qquad (5-67)$$

当 al 值足够大时，$\cot al \approx \tan al \approx 1$，所以只要 $al > 5$，则不管绕组末端是接地或开路，绕组的起始最大电位梯度均可以按下式求得

$$\left.\frac{\mathrm{d}u}{\mathrm{d}x}\right|_{x=0} \approx aU_0 = \frac{U_0}{l}\times al \qquad (5-68)$$

即首端的最大电位梯度为平均电位梯度（E_0/l）的 al 倍。由图 5−26 可以看出，当 $al > 5$ 时，绕组末端接地时的起始电压分布和绕组末端开路时的起始电压分布已非常接近，只是在绕组末端稍有差别而已。

对于变压器，如果不采取特殊的措施，al 值通常在 $5\sim15$ 的范围内，实际在做变压器冲击试验时所加电压约为额定相电压（最大值）的 $3.5\sim7$ 倍，所以，如 al 值取平均值 10 时，绕组首端的最大电位梯度在极端假设条件下，可达正常运行值的数十倍。这显然会大大危及绕组首端的匝间绝缘。

由此可见，无论绕组中性点接地或不接地，电压起始分布的不均匀情况是很接近的，只是在绕组末端有差别。在绕组首端的电场强度二者均为

$$E_{\max} = U_0 a = \frac{U_0}{l}al = E_{平均}al \qquad (5-69)$$

由此可见，绕组首端的电位梯度为平均梯度的 $5\sim30$ 倍。因此，绕组首端的

纵绝缘必须特别加强，以免在冲击电压作用下发生击穿。

2. 变压器绕组中的雷电波振荡过程

应该注意到，以上所述还只是电压的起始分布，此时绕组首端的电位梯度虽高，但绕组各点的对地电压并不高，它一般不会危及绕组的主绝缘。但随之而来的电容上电压的振荡则会使绕组的对地电压超过外加电压 U_0，从而危及绕组的主绝缘。

为计算绕组上电压的振荡，可先求出电压沿绕组的稳态分布。不难看出，当绕组末端接地时，电压沿绕组的稳态分布将由绕组的电阻决定，它将是一条斜直线，如图 5-27（a）所示，其方程为

$$u = U_0(1 - x/l) \tag{5-70}$$

稳态分布电压与起始分布电压间的差值为

$$\Delta u = U_0\left[1 - \frac{x}{l} - \frac{\sin a(l-x)}{\sin al}\right] \tag{5-71}$$

这一差值沿绕组的分布也表示在图 5-27（a）中，当绕组末端开路时，电压沿绕组的稳态分布将是一条与横轴平行的直线，如图 5-27（b）所示，其方程为

$$u = U_0 \tag{5-72}$$

此时稳态电压与起始电压间的差值则为

$$\Delta u = U_0\left[1 - \frac{\sin a(l-x)}{\sin al}\right] \tag{5-73}$$

其曲线也已在图 5-27（b）中给出。

分布参数回路可以有无穷多个振荡频率，分布参数回路中的过渡过程可以用无穷多个、在时间上按各自的固有频率振荡的、各级正弦形空间驻波来描述。

为此可用谐波分析法把表示电压差值的非正弦形的波分解为基波、二次谐波、三次谐波等各次谐波，即

$$\Delta u = \sum_{k=1}^{\infty} A_k \sin \mu_k x \tag{5-74}$$

式中：A_k 为第 k 次谐波的幅值，其值可按下式求得

$$A_k = \frac{2}{l}\int_0^l \Delta u \cdot \sin \mu_k x \mathrm{d}x \tag{5-75}$$

式中：μ_k 为第 k 次谐波的每秒角变化率，当绕组末端接地时，$\mu_k = \frac{k\pi}{l}$，当绕组

末端开路时，$\mu_k = \dfrac{(2k-1)\pi}{2l}$。各次谐波的分布情况如图 5-27 所示。随着谐波次数 k 的增加，谐波振幅的值减小得很快。

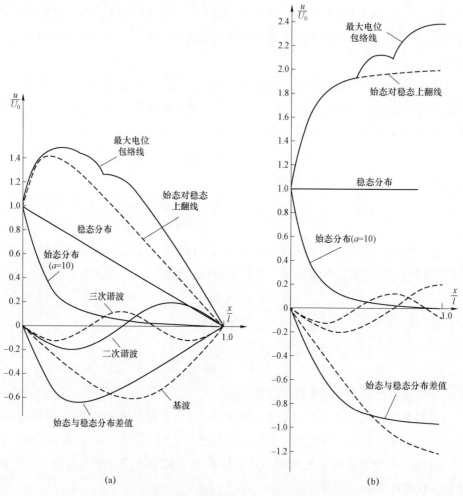

(a)　　　　　　　　　　(b)

图 5-27　绕组上的电压始态、稳态分布及最大包络线

（a）中性点接地；（b）中性点开路

由于各次谐波振荡频率不同，在某一瞬间，某一点上起始电压的符号有正有负的各次谐波的符号，有可能变为与稳态电压相一致。所以在振荡过程中，绕组各点的对地电压最大值 u_{max} 可用下述近似方法求得。即将各次谐波在某点的起始值的绝对值相加，再和该点在稳定状态时的电压绝对值加在一起，就可以得到该点的 u_{max}。在图 5-27 中同时给出了绕组末端接地和开路时，用这种方法计算的

结果。这是两种极端情况下的结果，而实际上 u_{max} 的值是在计算值 $2u_{稳态}$ ～ $u_{稳态}$ 之间。

从图 5-27 可以看出，末端接地的绕组中，最大电位将出现在绕组的首端附近，其值可达 $1.4U_0$ 左右，末端不接地的绕组中最大电位将出现在中性点附近，其值可达 $1.9U_0$ 左右。此外，在振荡过程中，绕组各点的电位梯度也有变化，绕组各点将在不同时刻出现最大电位梯度，这对变压器绕组设计和纵绝缘保护是非常重要的。

3. 过渡过程中绕组各点的最大对地电位

由于电压沿绕组的起始分布与稳态分布不同，加之绕组是分布参数的振荡回路，故由初始状态到达稳定分布必有一个振荡过程。如果绕组电压分布的起始状态接近稳态分布，也就是说作用在绕组上的冲击电压波首比较长，绕组内振荡发展较平缓，其各点对地最大电位和最大梯度也将有所降低；反之波首越短，绕组电压起始分布与稳态分布差值越大，其振荡过程越激烈。在振荡过程中绕组各点出现的最大电位分布的时间不同，如图 5-28 所示。

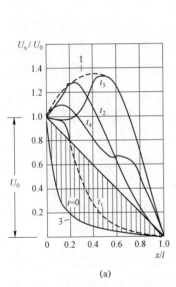

(a)

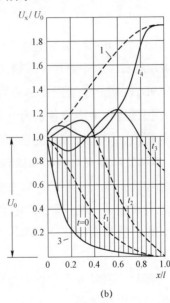

(b)

图 5-28　变压器绕组中各时刻电压分布（$t_1 > t_2 > t_3 > t_4$）

(a) 中性点接地；(b) 中性点不接地

如果把 t_1、t_2 ……直至 $t = \infty$ 各个时刻振荡过程中绕组各点出现的最大电位记录下来，并连接成最大电位包络线（见图 5-28 中曲线 1）。若不计损耗，做定性分析,可将图中的稳态电压分布曲线与初始电压分布曲线 1 的差值曲线 4 叠加到稳态电压分布曲线 2,见图 5-29 中曲线 3,则可以近似地描述绕组中各点的最大电位包络线。

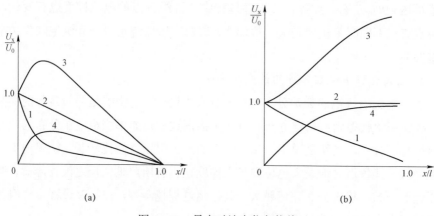

图 5-29　最大对地电位包络线

(a) 中性点接地;(b) 中性点不接地

　　由图 5-28 可知,末端接地的绕组中,最大电位出现在绕组首端附近,其值可达 $1.4U_0$ 左右。末端不接地的绕组中,最大电位出现在绕组的中性点附近,其值可达 $1.9U_0$。实际上绕组内总会有一定的损耗,因此,最大值将低于以上值。此外,在振荡过程中绕组各点的电位梯度也有变化,绕组各点将在不同时刻出现最大电位梯度,这是对绕组的设计与纵绝缘保护非常重要的参数。

　　4. 三相变压器绕组内的波过程及危害

　　实际电力系统是三相的。电力变压器的三相绕组一般按星形联结、星形联结并有中性点引出或三角形联结等接线方式。在运行中,雷电冲击波可能从一相导线传入,也可能从两相甚至三相传入。不同接线状态,波过程对变压器的影响是不同的。

　　变压器星形联结并有中性点引出接线时的电压分布。当变压器采用星形联结并有中性点引出接线时,如果不计三相间的电磁耦合,则不论是一相、两相、三相进波,均可按三个末端接地的独立绕组来分析,如图 5-30 (a) 所示。利用等值集中参数方法,可得当进行波 U_0 沿线路侵入变压器时的等值接线,如图 5-30 (b) 所示。

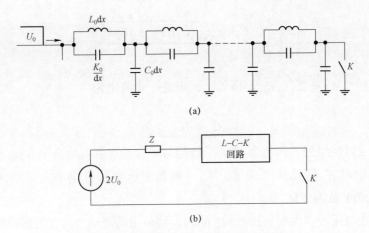

(a)

(b)

图 5-30 进行波作用于独立的单相绕组

（a）三个末端接地的单相绕组；（b）进行波 U_0 沿线路侵入变压器时的等值接线

在图 5-30（a）中 Z_0 为线路的波阻抗，L_0、C_0 及 K_0 分别代表变压器绕组单位长度的自感、对地自电容和纵向互电容。如前所述，在波刚刚到达的瞬间是不会有电流流过电感 L_0 的，所以此时等值接线图的绕组部分只由电容链 $K_0 - C_0$ 组成（变压器绕组入口电容的电路图如图 5-31 所示），显然它们可以用一个等值电容来表示，称为变压器绕组的入口电容 C_r。

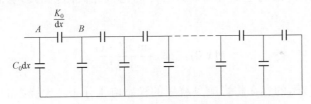

图 5-31 变压器绕组入口电容的电路图

考虑到电容链中的 $C_0 \mathrm{d}x$ 和 $K_0/\mathrm{d}x$ 的单元数是无穷的，所以由图中的 A 点向右看的总电容 C_r 应该趋近于由 B 点向右看的总电容 C_r'。由此可得

$$C_r = C_0 \mathrm{d}x + \frac{\dfrac{K_0}{\mathrm{d}x} C_r'}{\dfrac{K_0}{\mathrm{d}x} + C_r'} = C_0 \mathrm{d}x + \frac{\dfrac{K_0}{\mathrm{d}x} C_r}{\dfrac{K_0}{\mathrm{d}x} + C_r} \qquad (5-76)$$

整理后得

$$C_r^2 - C_r C_0 \mathrm{d}x - C_0 K_0 = 0 \qquad (5-77)$$

可求得

$$C_r = \frac{C_0 \, dx \pm \sqrt{(C_0 \, dx)^2 + 4C_0 K_0}}{2} \qquad (5-78)$$

注意到 $C_0 \, dx \ll 2\sqrt{C_0 K_0}$ ，所以上式可进一步简化为

$$C_r = \sqrt{C_0 K_0} \qquad (5-79)$$

即变压器绕组的入口电容 C_r 等于绕组每单位长度的对地自电容 C_0 和单位长度纵向互电容 K_0 的几何平均值。 C_r 一般随变压器的容量增大而增大，约在 $500 \sim 5000 \, \text{pF}$ 范围变化。

一般在电压波作用到变压器的 $5\mu s$ 内，绕组中的波动过程还发展得很少，因此，在这段时间内变压器对外的作用可以用其入口电容 C_r 来表示。

下面分析电压波沿线路侵入变压器时，变压器内部的过渡过程。先计算变压器绕组的起始分布，取线路的波阻 $Z_0 = 400\Omega$ ，变压器入口电容 C_r 为 2000pF ，则入口电容处的充电时间常数为

$$T_C = Z_0 C_r = 400 \times 1000 \times 10^{-12} = 0.4 \mu s \qquad (5-80)$$

由于 T_C 的值比绕组中发生振荡所需的时间（一般约为 $5\mu s$ 以上）小得多，所以在计算电压沿绕组的起始分布时，可不考虑线路波阻抗的影响而直接应用式（5-64），即

$$u(x,0) = 2U_0 \frac{\sin a(l-x)}{\sin al} \qquad (5-81)$$

但是线路波阻的存在将影响到绕组的稳态电压分布。设绕组的长度为 l ，其总电阻为 R ，则其稳态电压分布为

$$u(x,\infty) = 2U_0 \frac{R}{R+Z_0} \left(1 - \frac{x}{l}\right) \qquad (5-82)$$

图 5-32 给出了波沿线路侵入星形联结并有中性点引出接线的变压器时，变压器绕组的起始电压分布、稳态电压分布以及最大电压的包络线。由图可见，这种情况下绕组首端的电压 $2U_0$ 不会超过与变压器直接并联的避雷器的放电电压 U_f ，即 $2U_0 < U_f$ ，所以这种情况并不比前面分析的情况更为严重，因为前面的分析中绕组首端的电压等于避雷器残压 U_s （一般 $U_f = U_s$ ）。

变压器星形接线时的电压分布。当变压器采用星形接线时，三相绕组将相互影响。在一相进波时，波到达不接地的中性点后将经由其他两相绕组向线路传出，

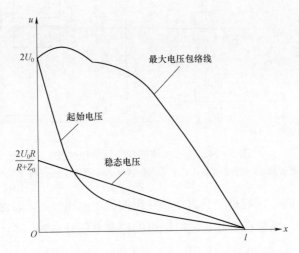

图 5-32　星形联结并有中性点引出接线时变压器绕组的电压分布

如图 5-33（a）所示。此时第一相绕组末端的负载既不是接地时的 0Ω，也不是开路时的无穷大，而是相互并联的两个有线路的 $L-C-K$ 链形电路，如图 5-33（b）所示。在两相进波时，两相波到达不接地的中性点后将同时经由第三相向线路传出去，如图 5-34（a）所示。这相当于两个进波相绕组相互并联以后再与第三相串联的情况，等值电路图如图 5-34（b）所示。在三相进波时，由于三相波同时到达不接地的中性点后将无其他出路，因此可方便按三个末端不接地的绕组进行处理。

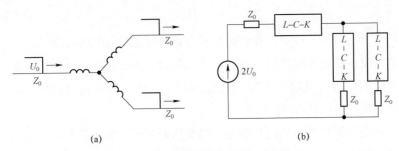

(a)　　　　　　　　　　　　　　(b)

图 5-33　星形接线的变压器单相进波

（a）单相波到达不接地中性点后将经由其他两相绕组向线路传出；（b）等值电路图

前面提到，当绕组的 al 足够大时，例如 $al > 5$ 时，绕组末端的状态对绕组的起始电压分布影响极小，因此在计算绕组的起始电压分布时，可以认为不论一相、两相或三相来波，绕组的起始电压分布都可以用式（5-81）近似表示。

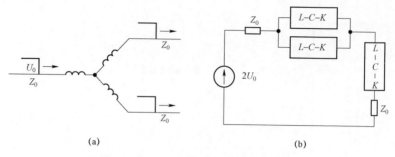

(a)

(b)

图 5-34　星形接线的变压器两相进波

（a）两相波到达不接地的中性点后将同时经由第三相向线路传出；（b）等值电路图

但进波条件的不同将影响到进波相绕组的稳态电压分布。因为稳态电压分布是由电阻决定的，所以在一相进波时绕组的稳态电压分布为

$$u = 2U_0 \frac{\frac{1}{2}R + \frac{1}{2}Z_0 + R\left(1 - \frac{x}{l}\right)}{\frac{3}{2}R + \frac{3}{2}Z_0} = 2U_0 \frac{3R + Z_0 - 2R\frac{x}{l}}{3R + 3Z_0} \tag{5-83}$$

两相进波时绕组的稳态电压分布为

$$u = 2U_0 \frac{R + Z_0 + R\left(1 - \frac{x}{l}\right)}{\frac{3}{2}R + \frac{3}{2}Z_0} = 2U_0 \frac{3R + 2Z_0 - R\frac{x}{l}}{3R + 3Z_0} \tag{5-84}$$

三相进波时的稳态电压分布则为

$$u = 2U_0 \tag{5-85}$$

从以上分析可知，由于三相进波时稳态值和起始值间的差值最大，因此最严重的振荡将发生在三相进波时。参照图 5-27（b）不难看出，此时，在振荡过程中，中性点的电压可以超过入射波电压的 4 倍（$4U_0$），或超过直接并联于变压器上的避雷器放电电压 U_f 的 2 倍。

变压器三角形接线时的电压分布。当变压器采用三角形接线时，如果一相来波，则沿一相导线进入变压器的波可经由两个绕组向两相送电线传出，在变压器内不会有严重的过电压。但两相或三相来波就不同了。此时，绕组的两端将同时进波。从绕组两端进入绕组的波在绕组中相遇时的情况就和波到达开路的末端一样，它将在绕组中部产生很高的过电压，其值可以超过入射波电压的 4 倍。图 5-35 给出了三角形接线的变压器在三相进波时，绕组上的电压起始分布（曲

线 1)、稳态分布(曲线 2)和最大电位包络线
(曲线 3)。其中绕组的起始电压分布是在分别
计算绕组一端和另一端进波时所得的两种起始
电压叠加而成的。

　　综上所述,沿三相同时进波将在星形和三
角形接线的变压器中产生对主绝缘造成危害的
过电压,过电压的幅值可能超过入射波的 4 倍。
如果变压器是星形联结并有中性点引出接线方
式,则波沿线路进来时,不论是几相来波,在
绕组上的过电压一般不会超过入射波的 2.5 倍。
但是不管变压器采用哪种接线和几相来波,只
要入射波的陡度很大,则绕组首端均将出现很
高的电位梯度,从而危及绕组的匝间绝缘。

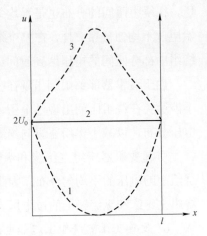

图 5-35　三角形接线三相进波时
变压器绕组的电压分布

　　5. 变压器内部的保护

　　根据前面的分析,雷电作用于变压器时,由于起始电压分布不均匀以及由于
波沿绕组的传播,会使变压器绕组部分纵向绝缘(匝间绝缘)上出现很高的过电
压,而起始电压分布和稳态电压分布的差值则决定了自由振荡分量,在振荡过程
中,可能会在主绝缘(对地绝缘、绕组之间的绝缘)上形成很高的过电压。

　　为了保证变压器免遭雷电危害,一般都在变压器两侧绕组安装避雷器或采用
进线保护,限制侵入过电压的幅值,进行变压器绕组雷电防护。但是避雷器和进
线保护措施只能对作用在绕组两端的过电压进行有效防护,即保护变压器绕组的
主绝缘。而因起始电压分布不均匀以及由于波沿绕组的传播,造成变压器绕组部
分纵向绝缘(匝间绝缘)上出现很高的过电压,因起始电压分布和稳态电压分布
的差值形成自由振荡,在振荡过程中使变压器主绝缘上形成的过电压,仅靠避雷
器是不能得到很好保护的。

　　对于变压器绕组中的电压分布不均匀对变压器绕组匝间绝缘的危害,避雷器
是起不到保护作用的,因为雷电波作用下,即使整个绕组两端的电压还未超过避
雷器的放电电压,由于绕组进波首端附近会形成非常高的电位梯度,使绕组中部
分匝间的电压(可达正常运行值的数十倍)达到匝间绝缘(纵绝缘)击穿的电
压值。

　　起始电压不均匀分布,在绕组的部分匝间形成过电压,振荡过程形成的过电

压，在绕组匝间的分布也是不均匀的，部分匝间的电压会明显高于其他匝，和起始电压不均匀分布一样，在整个绕组两端的电压还未超过避雷器的放电电压，使绕组中部分匝间的电压达到匝间绝缘击穿的电压值。

由于避雷器能够限制出现在变压器绕组两端雷电波的幅值和波形陡度，但并不能避免在绕组匝间出现过电压，因此，还必须采取措施改善变压器绕组的起始电压分布，以减小作用在纵向绝缘和主绝缘上的过电压。

引起变压器绕组主绝缘和纵绝缘过电压的主要原因是侵入雷电波在变压器绕组上的电压的不均匀分布，因此，改善变压器绕组上电压分布，可降低作用于绕组主绝缘和纵绝缘上的过电压。

6. 改善变压器绕组上起始电压分布的方法

当变压器绕组中的电压起始分布与最后的稳态分布差别愈小，则绕组中的自由振荡分量愈小，过电压值就愈小，电压分布的最大梯度值也愈小。起始电压分布与最后电压分布的差别减少到最小程度的中性点接地变压器称为非谐振变压器。改善变压器绕组电压分布的方法有电容补偿法、采用纠结式绕组和多层圆筒式绕组等。

电容补偿法除并联补偿的方法还有串联补偿法和并联电容部分补偿法等多种形式。经电容补偿后，绕组中的电压非均匀分布能够得到改善，最大电压分布梯度减小，图 5-36 是不同电容补偿后的绕组电压分布情况。

并联电容补偿法。并联补偿形式很多，其最普通的方法是采用电容环（或称静电板、屏蔽环，其结构为开口非磁性金属圆环，安装在变压器圆柱形线圈的端部）或圆柱形金属屏。电容补偿法使变压器绕组结构变得复杂，会增加变压器结构的尺寸，从而增加变压器的制造成本。因此通常情况下只对雷电危害问题突出的 110kV 级以上电压等级的绕组应用。

在图 5-36 中，如果变压器绕组只有线圈之间（匝间）的电容 K 而无线圈对地电容 C，则绕组中的电压分布将为均匀分布。要消除线圈的对地电容是不可能的，但如果能够不经过串联电容 K 而使对地电容 C 充电，使在电容 K 中的电流仍保持相等，即串联的各电容 K 上的电压降相等，这样就能使沿绕组长度方向上的电压分布均匀。这种方法称电容补偿法。

图 5-36（b）所示的为并联电容补偿法，通过补偿，使流经对地电容 C 的电流由流经补偿电容 C_1'、C_2'、C_3' 等来提供，当两个电流相等时，则

$$\frac{U_x}{U-U_x}=\frac{C_x'}{C} \qquad (5-86)$$

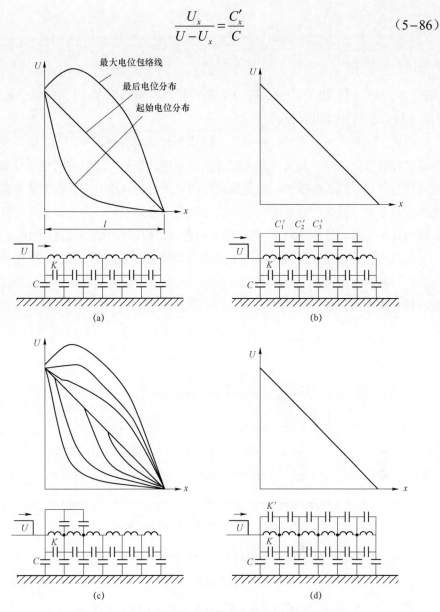

图 5-36 减小变压器绕组振荡的电容补偿法示意图

（a）未补偿绕组；（b）并联电容补偿；（c）部分并联补偿；（d）串联电容补偿

因此有 $C_x'=C\dfrac{U_x}{U-U_x}$ ，又因 $U_x=U\dfrac{l-x}{l}$

所以有

$$C'_x = C \frac{U \dfrac{l-x}{l}}{U - U \dfrac{l-x}{l}} = C \frac{l-x}{l} \qquad (5-87)$$

式中：C 为每个线圈的对地电容；x 为离开绕组首端的距离；l 为绕组全长；C'_x 为在 x 处要求的补偿电容值。

由式（5-87）可以看出，绕组中不同线圈对地电容是不相同的，所以要求的补偿电容值也会不同。如果能按上式要求分别进行补偿，绕组中的电压分布可以达到均匀分布。但在实际中，如果按这样的要求进行补偿，变压器的结构就可能变得非常复杂。因此，通常情况下变压器只采用部分补偿法，电容屏只屏蔽绕组首端的几个线圈，图 5-36（c）所示为不同百分比的部分并联补偿时的电压分布。

串联电容补偿法。图 5-36（d）所示为串联补偿示意图，图 5-37 中为串联电容补偿时的电流情况。该绕组共分 n 节，而以 x 表示离开绕组接地端的绕组节数，每节的电压为 ΔU。

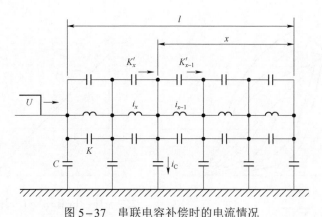

图 5-37　串联电容补偿时的电流情况

在第 x 节处的对地电位为 $U_x = \Delta U x$，电流 $i_C = i_x - i_{x+1}$，因此有

$$CU_x = K'_x \Delta U - K'_{x-1} \Delta U \qquad (5-88)$$

即 $C \cdot x = K'_x - K'_{x-1}$；$C(x-1) = K'_{x-1} - K'_{x-2}$；$C(x-2) = K'_{x-2} - K'_{x-3}$ （5-89）

以及 $\qquad\qquad\qquad\qquad C = K'_1 \qquad\qquad\qquad\qquad (5-90)$

将以上各式相加得

$$K'_x = C[x + (x-1) + \cdots + 2 + 1] = C \frac{x(x+1)}{2} \qquad (5-91)$$

由式（5-91）即可计算串联补偿的电容值，串联电容补偿法因制造工艺复杂，

一般生产中很少采用。

并联电容部分补偿法。以上分析都是在理想状态下的情况，在生产实际中，通过补偿使绕组中的电压分布完全线性，难度很大，也没有这个必要。所以实际中的电容补偿都只能是部分补偿。

图 5-36 中（c）所示是不同百分比的部分并联电容补偿时的电压分布图，由于部分补偿方式不同，电压分布改善效果也会不同，图中表示了不同补偿情况下的电压分布曲线。

实际中，变压器电容补偿时在绕组首端加一个开口的金属环（电容环），用电容环和绕组间的电容电流来补偿绕组的对地电流，即一部分对地电容电流由绕组首端电容环直接提供，这就可以减小流经各个纵向互容的电流差别，使沿绕组分布的电压得到改善。

由式（5-87）可以看出，各线圈的补偿电容 C'，在绕组首端处电容必须很大，离绕组首端越远，电容就应越小。安装在绕组端部的电容环对不同线圈的电容具有这一变化规律，能使绕组电压分布得到改善。

但采用电容环时，无法针对不同的线圈对要求的补偿电容值进行调整，所以，实际上电容环主要是对绕组首端附近的线圈有明显的补偿效果，而对离首端较远的线圈，补偿效果就不会太明显。这时的补偿实际上只是部分补偿。电容环补偿等值电路如图 5-38 所示。

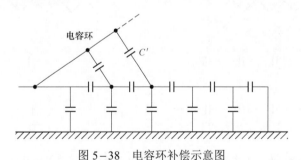

图 5-38　电容环补偿示意图

根据测量，当全波冲击电压作用时，在无补偿的情况下，110kV 变压器首端这一线圈的最大电压梯度达 20%～35%全电压，在有补偿的情况下则为 5%～20%，当截波冲击电压作用时，无补偿的情况下，达 50%～80%，在有补偿的情况下则为 20%～30%。

另外，根据前面的分析，绕组的起始电压分布不均匀程度是随 al 值的增大而增大的，而 al 的值则由绕组的总对地自电容 C_0l 对总纵向互电容 $\dfrac{K_0}{l}$ 的比值的平

方根决定。因此增大总纵向互电容也可以改善电压的起始分布，增大总纵向互电容的有效办法是对变压器采用纠结式绕组。

图 5-39 给出了连续式绕组和纠结式绕组的电气接线和等值纵向互电容。为简单起见，图中只给出了两个线饼的情况。设绕组匝之间的互电容为 K，当采用连续式绕组时，两个线饼之间的全部纵向互电容为 $K/8$，而采用纠结式绕组时则为 $K/2$。因此纠结式绕组的 al 值可下降到 1.5。则显然将使起始电压分布大大得到改善。纠结式绕组中由于纵向互电容增大，所以能使入口电容增大。

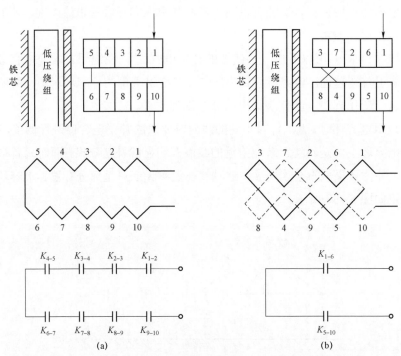

图 5-39　连续式和纠结式绕组的电气接线及等值纵向互电容
（a）连续式；（b）纠结式

无论是电容补偿法还是采用纠结式绕组来改善雷电作用下变压器绕组上的电压分布，都会使变压器结构变得更复杂，既增加了设备制造难度，也加大设备制造成本。这种措施只针对运行过程中有雷电波侵入的绕组，所以一般也只在变压器中运行电压较高的绕组中采用。

7. 变压器绕组间的静电感应

如图 5-40 所示，高压绕组中性点不接地时，在多次反射之后的"似稳态"中，高压绕组可以近似地看作一个等电位导体，其对地自电容为 C_{11}，不接地低压绕组则是另一个等电位导体，其对地自电容为 C_{22}，高、低压绕组之间的互电容为 C_{12}。因此当高压绕组的对地电位升高时（例如由于三相来波的电位升高到 U_1 时），低压绕组就会因静电感应而获得电位 U_{2f}，其值可由 C_{22} 和 C_{12} 的分压比来决定，即

$$U_{2f} = U_1 \frac{C_{12}}{C_{12} + C_{22}} \tag{5-92}$$

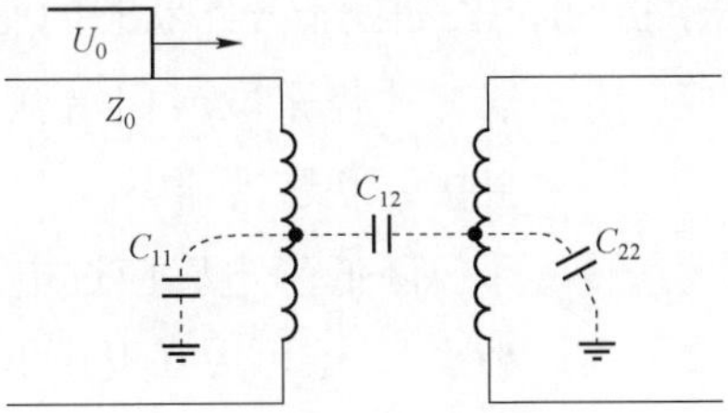

图 5-40　静电感应

当变压器高、低压绕组中性点都直接接地时，如高压绕组来波，低压绕组空载时，低压绕组首端的静电感应电压 U_{2f0} 为

$$U_{2f0} = U_1 \frac{C_{120}}{C_{20} + C_{120} + \sqrt{\dfrac{K_{20}}{K_{10}}[C_{10}(C_{20} + C_{120} + C_{20}C_{120})]}} \tag{5-93}$$

式中：C_{10} 为高压绕组每单位长度的对地自电容；C_{20} 为低压绕组每单位长度的对地自电容；C_{120} 为高、低压绕组之间每单位长度的纵向互电容；K_{10} 为高压绕组每单位长度的纵向互电容；K_{20} 为低压绕组每单位长度的纵向互电容；U_1 为高压绕组首端电压。

在以上计算中假设高、低压绕组为同一长度（相同的高度）。如果忽略 C_{20}，则式（5-93）可转化为式（5-92），其物理意义为，高压绕组各点的电压都按同一比例 $\dfrac{C_{120}}{C_{120} + C_{20}}$ 传到低压绕组相应的点，此时低压绕组首端的感应电压恰为高压绕组首端的电位 U_1 乘以 $\dfrac{C_{120}}{C_{120} + C_{20}}$，即 $U_1 \dfrac{C_{12}}{C_{12} + C_{22}}$。

由于 C_{12} 和 C_{22} 的大小只由变压器绕组和铁芯的几何尺寸决定，因此低压绕组的 U_{2f} 与变压器的变比无关。只要 C_{12} 足够大或 C_{22} 足够小，在进行波传到高压绕组时，低压绕组上就会出现很高的静电感应电位。变压器变比越大，U_{2f} 对低压绕组绝缘的威胁越大，因为随着高压侧电压等级的增大，出现在高压侧的过电压波的幅值也将增大，通过静电感应在低压侧的电压也越高，从而可能造成变压器低压绕组损坏。

静电感应可危及变压器低压侧绝缘以及与之相连的其他电气设备的绝缘。增大 C_{22} 是降低静电感应过电压的有效措施之一。另外，如果变压器低压连接有很多线路和其他电气设备时，静电感应过电压就不再是一个危险因素了。所以一般只是对那些在运行中低压绕组可能长期处于开路状态的变压器（例如三绕组变压器）才需采取专门措施，例如在变压器低压侧直接并联避雷器。

降低静电感应过电压的另一有效措施是减小 C_{12}，这可用在变压器高、低压绕组之间加入一个接地屏蔽的方法来实现，如图 5-41 所示。这时，C_{12} 趋向于一个很小的值，感应 U_{2f} 趋向于零。另外加入接地屏，在减小 C_{12} 的同时还可增大 C_{22}。

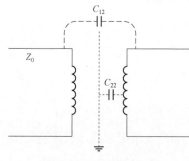

图 5-41　接入接地屏

8. 变压器绕组间的电磁感应

为简化分析，这里只讨论无限长直角波 U_0 作用于单相变压器，且变压器两侧的中性点直接接地时的情况。在进行计算时忽略绕组各个电容的作用而采用图 5-42 所示的等值接线图。图中 Z_1 为变压器高压侧线路的波阻，L_1、L_2 分别为变压器高、低侧的漏感，Z_2 为变压器低压侧线路的波阻，L_m 为变压器的激磁

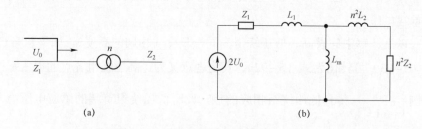

图 5-42　计算电磁感应的等值电路图

（a）长直角波 U_0 作用于单相变压器；（b）计算电磁感应电压的等值电路

电感，n 为变压器的变比。

考虑到 L_m 的值远大于 L_1 和 L_2，所以当冲击波刚作用到感应绕组上时，L_m 可看作开路，计及变比 n，变压器低压侧绕组上的电磁感应电压为

$$U_{2C} = \frac{2U_0 nZ_2}{Z_1 + n^2 Z_2}\left(1 - e^{-\frac{Z_1 + n^2 Z_2}{L_1 + n^2 L_2}t}\right) \qquad (5-94)$$

由于架空线路波阻较大，并且变压器的漏感又不大，所以电压增长的时间常数很小，也就是说，在波作用之初，变压器低压绕组上的电压将很快上升。

其后，随着作用时间的增加，流过电感 L_m 的电流将逐渐增大，因而变压器低压绕组的电压会逐渐减小，最后达到零值。忽略漏感的作用，可认为波作用于高压绕组后在低压绕组上的电压可立即上升到式（5-94）所示的最大值 $\frac{2U_0 nZ_2}{Z_1 + n^2 Z_2}$，则低压绕组感应电压的衰减可由下式表示

$$U_{2C} = \frac{2U_0 nZ_2}{Z_1 + n^2 Z_2}e^{\frac{Z_1 + n^2 Z_2}{L_m(Z_1 + n^2 L_2)}t} \qquad (5-95)$$

由于 L_m 值很大，所以变压器低压绕组上的电压下降速度远比上升慢。

综合式（5-94）和式（5-95），可以得出变压器低压绕组上的电磁感应电压近似值的表达式为

$$U_{2C} = \frac{2U_0 nZ_2}{Z_1 + n^2 Z_2}\left(e^{-\frac{Z_1 + n^2 Z_2}{L_m(Z_1 + n^2 L_2)}t} - e^{-\frac{Z_1 + n^2 Z_2}{L_1 + n^2 L_2}t}\right) \qquad (5-96)$$

由式（5-96）可以看出，低压侧电磁感应过电压的最大值显然不会超过 $\frac{2U_0 nZ_2}{Z_1 + n^2 Z_2}$。

最后应当指出，由于高压绕组起始电压分布与稳态分布不同而引起谐波振荡，也能在低压绕组中感应出电磁分量来。这一电磁分量将视谐波在高压绕组中的分布情况而定。如果感应绕组中性点接地，由于电流谐波与电压谐波相差 1/4 个波长，所以电流谐波的波腹将出现在绕组的两端，此时电流谐波所产生的磁动势沿整个铁芯的磁路将全部抵消，因此不会在低压绕组上感应出电压来。

如果感应绕组中性点不接地，则电流谐波的波腹将出现在绕组的首端，而其波节将出现在中性点上，此时电流谐波所产生的磁动势可以使铁芯中产生磁通，

从而可在低压绕组中感应出和高压绕组中振荡频率相同的电压分量。考虑到高压绕组中的谐波振荡电压已比来波小，而产生磁动势的电流又是靠绕组的对地电容为回路的，所以总的能量很小，再加上电流的高次谐波产生的磁动势还会相互抵消一部分，所以这一感应过电压对绝缘的威胁远不如前面所提到的两种分量大，实际上可不予考虑。

由于低压绕组上电压的电磁感应分量与变比有关。在三相绕组中，电磁分量的数值还与绕组的接线方式、来波相数等有关。由于低压绕组的相对冲击强度（冲击试验电压与额定电压之比）较高压绕组大得多，因此凡高压绕组能够耐受的电压（加避雷器保护）按变比传递到低压绕组亦无害。

9. 变压器外部雷电危害防护

变电站有了防直击雷保护和雷电侵入波保护后，原则上变电站内设备可避免雷电危害。但由于变压器结构上的特殊性和运行方式的不同，雷击过电压针对变压器绕组的作用有不同于其他设备的特点，因此还必须针对变压器中过电压作用的特点，采取进一步的雷电危害防护措施。

当变压器高压侧有雷电波侵入时，通过绕组间电磁耦合和静电耦合，在低压侧也将出现过电压。三绕组变压器在正常运行过程中，可能有高、中压绕组运行，低压绕组开路的情况。此时若线路有侵入波传来，雷电波作用在高、中压绕组时，由于低压侧对地电容很小，开路的低压绕组上的静电耦合分量可能达到很高的数值，危及低压绕组的安全。因此在变压器低压侧应加装避雷器进行保护。由于静电分量使三相电位同时升高，为限制这种过电压，只要在变压器任意一相低压绕组出线端对地加装一台避雷器即可。如果变压器低压绕组出线为高压电缆，电缆芯线和电缆外面的金属护层之间具有大的电容，护层接地后相对于在变压器低压绕组对地之间并联了电缆的电容，增大了变压器低压绕组对地电容，从而可减小雷电侵入波在低压绕组上耦合的静电分量。一般当电缆的长度达 25m 时，低压侧可不装避雷器。

三绕组变压器中的中压绕组的绝缘水平比低压绕组高，当其开路运行时，一般静电耦合分量不会损坏中压绕组，不必在中压侧加装避雷器。

双绕组变压器正常运行时，为避免侵入波静电耦合分量危害，变压器的高、低压侧都需安装有避雷器。

（1）自耦变压器防雷保护。自耦变压器一般除有高、中压自耦绕组外，还带有三角形接线的低压绕组，以减小零序电抗和改善波形。因此，它有可能出现只有两个绕组运行，另一个绕组开路的情况。

在图 5–43（a）中，当雷电波从高压侧线路袭来，其电压值为 U_0，其初始和稳态分布及最大电位包络线都和中性点接地的绕组相同。在开路的中压线端 A′ 上可能出现的最大电位为高压侧 U_0 的 $2/k$ 倍（k 为高压绕组与中压绕组之间的变比），这样可能造成开路的中压端套管闪络。因此，在中压侧与断路器之间应装设一组避雷器，以便在中压侧断路器断开时保护中压侧绕组绝缘。

当高压侧开路，中压侧有雷电波 U_0' 侵入时，其初始和稳态分布如图 5–43（b）所示。由中压端 A′ 到开路的高压端 A 的稳态分布是由中压端 A′ 到中性点 0 稳态分布的电磁感应形成的，高压端稳态电压为 kU_0'（k 为高压绕组与中压绕组之间的变比）。在振荡过程中，A 端的电位可达 $2kU_0'$。这将危及开路的感应绕组。因此，在高压侧与断路器之间也应装设一组避雷器。

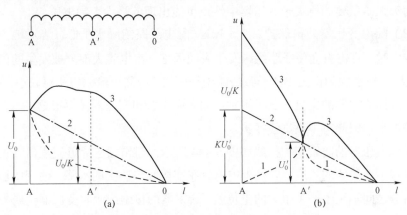

图 5–43　侵入波在自耦变压器绕组的电位分布

（a）高压端 A 进波；（b）中压 A′ 进波

1—初始电压分布；2—稳态电压分布；3—最大电位包络线

当中压侧有出线（相当于 A′ 经线路波阻抗接地），高压侧有雷电波侵入时，雷电波电压将大部分加在 AA′ 绕组上，可能使绕组损坏。同样，中压侧进波，高压侧有出线时，情况与上面类似。显然，在这种情况时 AA′ 绕组越短（即变比 k 愈小）时，越危险。为此，自耦变压器高压绕组和低压绕组之间的变比不应小于 1.25，否则，在 AA′ 之间应加装一组避雷器。

（2）变压器中性点防雷保护。在中性点接地系统中，因继电保护需要，系统中部分变压器在运行过程，其中性点是不接地的。因此，变压器中性点需要具有防雷保护。

电力系统中的变压器中性点对地绝缘有两种不同的设计方案。一种称全绝缘变压器，其中性点的绝缘水平与相线端的绝缘水平相同，这种设计方式的变压器制造成本较高。另一种变压器采用分级绝缘方式，其中性点的绝缘水平低于相线端的绝缘水平，这种设计方式的变压器的制造成本相对较低，因此现在变压器基本上都采用分级绝缘的设计。

变压器中性点为全绝缘设计时，其中性点一般不需要避雷器保护。但在多雷区，且变电站为单回进线的中性点非直接接地系统（如 35kV 系统），在三相同时进波的情况下，中性点的电位有可能超过首端的对地电位，这种情况虽然少见，为避免雷电对变压器造成危害，宜在变压器中性点上加装一台和首端同电压等级的避雷器。

分级绝缘变压器应选用和中性点绝缘等级相同的避雷器进行保护，并注意避雷器的灭弧电压要始终大于变压器中性点可能出现的最大工频电压。

（3）配电变压器防雷保护。3～10kV 配电线路绝缘水平低，当对地闪电强度比较大时，直击雷会使线路绝缘发生表面闪络，雷电流大部分被发生的闪络分流，强度比较小的闪电虽不能导致线路绝缘闪络，但其电流幅值相对较小。这样，侵入波流经避雷器的电流受到了限制；加之避雷器和变压器靠得很近，两者之间电位差很小，因此可不设进线保护。

配电变压器的防雷保护接线如图 5-44 所示。避雷器应靠近变压器装设，并应尽量减小连接线的长度，以减少雷电流在连接线电感上的压降，使变压器绕组与避雷器之间不至于产生很大的电位差。避雷器的接地线应与变压器金属外壳及

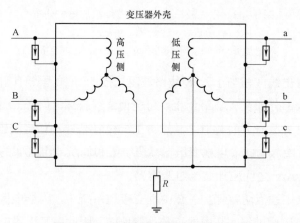

图 5-44　配电变压器的防雷保护接线

低压侧中性点连在一起接地。这样如高压侧来波，作用在高压侧主绝缘上的电压就只是避雷器上的残压，而不包括接地电阻 R 上的电压降。

只在高压侧装设避雷器，还不能使变压器免除雷电危害。这是由于雷击高压线路时，避雷器动作后的雷电流将在接地电阻上产生电压降。这一电压作用在低压中性点上，而此时低压侧出线相当于通过线路波阻抗接地，故将在低压绕组上产生电流，通过电磁耦合在高压侧感应出电势。由于高压绕组出线段的电位被避雷器固定，所以这一高电位将沿高压绕组分布，在中性点上达到最大值，可能使中性点附近的绝缘损坏。

高压侧遭雷击，避雷器动作，作用于低压绕组的电流通过电磁耦合又变换到高压侧的过程称为"反变换"。如果低压侧线路落雷，作用在低压侧的冲击电流按电压变比感应到高压侧，由于低压侧绝缘的设计裕度比高压侧大，故有可能在高压侧先引起绝缘击穿，这个过程称为"正变换"。为了防止正、反变换出现的过电压，可在低压侧每相上装设一支避雷器，使配电变压器的防雷保护得以改善。

5.7 二次设备雷电危害防护

电力系统中所有直接用于电力生产输送的设备成为一次设备，这些设备连接在一起的系统称为一次系统，而用于测量、控制及继电保护等的设备称为二次设备，所以有时也将二次设备组成的系统称为二次系统。二次设备一般安放在室内，遭受直接雷击的可能性很小，雷电对二次设备的危害主要是雷击时，雷电流泄放过程中在接地系统中引起的地电位升高形成的反击危害和雷电流引起的静电感应以及电磁感应效应形成的过电压和过电流危害。雷电对二次设备危害的主要形式有以下几种：

（1）输、配电线路和发电厂及变电站中的接闪装置遭受雷击后，放电电流会在接地引下线、接地体的不同部位引起电位升高，这种变化后的电位从不同的管、线以传导的方式引入二次设备，在设备的不同部位形成电位差，导致设备绝缘击穿，设备损坏；当这种电位差发生在设备电子电路的不同部位时，就会导致设备中的元、器件击穿。

（2）雷电放电产生幅值很大的脉冲电流，以电磁感应的方式在电子设备不同部位的导电回路中形成的暂态过电压和过电流，导致设备中的绝缘击穿和设备中的电子元、器件损坏。

（3）雷暴电场中的电场变化以静电感应的方式，在不同导体和地之间形成过电压，并通过各种金属管、线将高电压引入二次设备，导致设备中的绝缘击穿，设备中的电子元、器件损坏。

（4）以电磁辐射或电磁感应的方式将放电产生的脉冲电压或电流信号耦合到电子设备中，干扰电子设备正常工作。

地电位升高和静电感应形成的过电压或过电流主要是通过导电的金属管、线侵入二次设备，所以只要这样的电位差有导体引入二次设备；电磁感应过电压和过电流会发生在雷电流路径附近的任何导电回路中；电磁辐射或电磁感应方式传播脉冲信号则发生在整个空间中。它们的共同特点是涉及的范围广，侵入的部位不确定，造成危害的途径可以说是"无孔不入"。

二次设备的雷电防护和电子设备类似，防护措施在下一章中会详细介绍，其中最主要的措施是等电位接地。在电力系统中，等电位连接导体采用具有一定截面积的专用连接铜排，这样，当雷击发生引起地电位升高时，铜排的电位随之升高，但这时并没有雷电流在铜排中流过，整个铜排基本上处于同一电位的状态中，在铜排不同部位接地的电路单元和元、器件之间不会出现电位差，因而不会因雷击造成危害。

应该注意的是等电位连接铜排和接闪装置或强电系统的接地体之间只能有一处连接，铜排的其他部位和接闪装置或强电系统的接地体之间应仍然保持绝缘状态。为保持连接的可靠性，可在同一连接点附近采用导体进行重复连接。应该注意的是，为保证等电位连接铜排和接闪装置或强电系统的主接地体（网）之间只有一处连接，应在连接前对等电位连接铜排和主接地体（网）之间的绝缘情况进行检查。

5.8 电力系统防雷接地

接地就是将电气、电子设备及电力系统的某些部分与大地相连接。这些连接是通过设置接地装置来实现的。接地装置是埋入地下的接地体和接地连线的总和。接地体分为自然接地体和人工接地体两类，通常，自然接地体包括与大地接触的各种金属构件、金属井管、金属管线（应注意易燃液态和气体输送管道除外）、建筑物钢筋混凝土基础等；人工接地体包括人工专门为接地敷设的垂直接地体、水平接地体和地网。根据使用目的，接地分为防雷接地、工作接地和安全接地等几种。电力系统中的防雷接地一般都是利用为系统安全运行设置的主接地网，除独立避雷针外，一般不设置另外防雷接地体。

虽然，相对于电力系统生产和输送的电能，闪电中每一次对地闪电的能量并不是很大，但闪电时间很短，释放功率很大，因此对地闪电具有很大的破坏作用。当然，最明智的办法是将闪电能量引入地下。避雷针、避雷线、建筑物上避雷带的作用就是将闪电的能量引入地下的接闪器，它们都必须接地，限制雷电过电压的避雷器、雷电浪涌器等也必须接地，通过接地引线，把雷电放电电流泄入大地，这就是防雷接地。

防雷接地在泄放雷电流的过程中，接地体向土壤泄散的是高幅值的快速变化的冲击电流，其散流状况直接决定着由雷电产生的暂态地电位抬高水平，并在此过程中在接地体附近的不同部位形成很高的电位差和跨步电压，有效的接地可降低电位差和跨步电压的幅值，减小雷电危害。良好的散流条件是防雷可靠性和雷电安全性对接地装置的基本要求。

从接地体向大地泄放电流的种类来看，接地电阻可分为直流接地电阻、工频接地电阻和冲击接地电阻。在一般情况下，直流接地电阻和工频接地电阻无原则上的区别，而直流接地电阻和工频接地电阻与冲击接地电阻则有较大的差异。在工作接地和安全接地中所涉及的是工频接地电阻，而在防雷接地中所涉及的则是冲击接地阻抗（通常也称电阻）。

雷电流幅值很高，当雷电流流经接地体向土壤中泄散时，接地体附近的土壤电流密度很大，这些区域的电场强度会很高，当电场强度超过土壤承受程度，即超过土壤的击穿场强时，接地体附近的土壤中会发生电击穿，形成一定范围的击穿区。在击穿区内，土壤的电阻率急剧下降，导电性能显著增强，这相当于接地体尺寸增大，因此接地体的冲击接地电阻会减小。当接地体泄散的雷电流幅值增大，其冲击接地电阻也会进一步减小。所以接地体的冲击电阻值是随接地体泄散的雷电流幅值变化而变化的量。

6

微电子设备雷电危害及防护

早在 20 世纪 80 年代末，在一些发达国家中，利用计算机系统进行信息服务所产生的价值就已经占国民生产总值的 10%。我国在电信方面每投入 1 元钱，给其他行业带来的经济效益为 18 元。随着新兴电子技术的发展，各类由电子管、晶体管、各类集成元件和接口器件等构成的通信、测量、控制、计算机、信息、人工智能等系统和设备日益广泛地进入人们的日常生产、管理、科研和生活中。但同时雷电对微电子设备及其构成的各类系统的危害也引起了人们的关注。

6.1 雷电对微电子设备的危害

一般将电力生产设备和输、配电线路构成的电力系统称为强电系统，而将由各类微电子元、器件设备组成的系统称为弱电系统。由于弱电系统中的设备耐受雷电危害的水平相对于强电系统中的设备要低得多，雷电对微电子设备和系统危害更为严重。随着新兴电子技术的发展，微电子设备和系统中的雷电危害事故频繁，设备损坏和系统故障问题日益突出，这类设备和系统成了雷电危害的重灾区。

电信部门也是较早频繁遭遇雷电危害的系统。广东省江门地区的东炮台交换局邮电大楼连遭雷击，一次雷击后全局通信中断达数十小时。1991 年 5 月，邮电部北京地区微波通信网因雷击停止通信达十余小时。

1992 年 5 月 1 日，长沙市的湖南广播、电视、电信的 6 台大型电子计算机毁于雷电。在这以前，湖南省某科研单位有十几台计算机毁于雷电引起地电位升高形成的反击。1994 年，湖南省人民银行的微机系统毁于雷电而不得不停止营业。

除少部分微电子设备构成的系统需要发射和接收天线外，绝大部分设备和系统都处于室内，一般都不会遭受雷击，微电子设备遭受雷电危害的可能性应该很小，但事实上，微电子设备遭受雷电危害的事故异常频繁，不仅造成贵重设备的损坏，干扰正常工作，还常常因设备损坏和干扰引起系统故障甚至停运，造成不可估量的间接损失。雷电对微电子设备和系统的危害主要表现为以下几个方面。

1. 元、器件及装置损坏

虽然微电子设备直接遭受雷击的可能性较小，但由于微电子设备中的电子元、器件耐雷水平低，装置和系统中不可避免地有各种电源线、信号线、测量线和控制线等从外部引入，或从装置和系统中引出。当装置和系统附近，甚至远处发生对地闪电时，必然引起闪击点地电位升高，这种升高的地电位会通过连接导线引入微电子装置和系统中；同时，闪击点的闪电电流也会通过连接导线，流入微电子装置和系统中，这种电压和电流都会对微电子装置和系统中的元、器件构成危害。

一般情况下，雷电对微电子装置和系统造成的危害不像其他地方发生的损坏，会造成大面积损坏、燃烧、爆炸等，微电子装置和系统发生的损坏常常发生在很小的局部区域中，有时甚至难以直接通过人的感官发现损坏部位。

微电子装置和系统的工作特点是整个装置和系统的正常运行是依靠该装置或系统的所有部分都处于正常工作状态来保证的，一旦装置或系统中的任意局部区域故障，整个装置就有可能不能正常工作，造成装置或系统瘫痪。

2. 正常工作时的雷电信号干扰

当有闪电发生时，其持续时间很短，这种短暂的脉冲信号主要通过电流或电压引入、电磁感应、电磁辐射三种形式进入微电子装置或系统中。在闪电放电过程中，快速变化的暂态电压或电流信号会通过和室内电子设备相连接的各种电源线、信号线及其他各种金属管、线等，以传导、耦合和辐射等方式侵入电子设备和系统，给装置或系统的正常工作造成信号干扰，影响正常运行。

6.2　电子设备雷电危害特点

由于微电子装置和系统网络结构复杂，加之雷电侵入有多种不同的途径，因此实际中雷电对微电子装置和系统的危害已达到无孔不入的程度，这一特点使微电子装置和系统的雷电危害防护比其他设备难度更大。雷电对电子设备危害的主

要形式有以下几种:

（1）强电系统设备或线路遭受雷击后,形成的雷击过电压和过电流会通过电子设备的电源、接地引线等侵入电子设备和系统,造成设备绝缘击穿,设备中的元、器件损坏。而所有的电子设备和系统都必须使用电源,如果采用电网的交流供电,电网中的设备不可避免地要遭受雷击,这时雷击形成的过电压和过电流均会通过电源线侵入电子设备。

（2）电子设备所在区域中的建筑物或防直击雷避雷针等接闪器遭受雷击后,雷电流使接闪器的引下线和接地体的电位急剧升高,并在雷电流流经的不同部位形成电位差,这种电位差从不同的管、线以传导的方式引入电子设备,对电子设备和设备内的元、器件形成反击,同样导致设备绝缘击穿,元、器件损坏。

大型电子装置或系统常常是由许多不同的设备、电路单元等构成,它们的电路都必须进行工作接地。这些设备、电路单元可能不在同一区域,它们之间的距离有时甚至比较远。雷击形成的雷电流在接地体中流散,会在接地体的不同部位形成电位差,当装置或系统中各设备、电路单元的接地点不在同一部位时,会将不同的接地电位引入同一设备或电路单元,在元、器件之间形成电位差,造成元、器件损坏。

（3）实际中常常会有其他测控导线、信号线、联络线、金属导体或管线从其他区域引入电子设备或系统中,这样的金属导体和管线等,还会以静电感应、电磁感应等物理效应将外部区域中的雷击过电压、过电流和高电位引入电子设备和系统,造成设备绝缘击穿,元、器件损坏等雷电危害。

（4）以电磁辐射或电磁感应的方式将放电产生的脉冲电压或电流信号耦合到电子设备中,对电子设备各种信号造成干扰,影响装置或系统的正常运行。

雷击发生时,伴随闪电会有强烈的电磁辐射;强大的雷电流也会因电、磁感应效应,在其流经区域中的导线产生感应电压或电流。这些电、磁信号均有可能对电子设备或系统的工作造成干扰,影响电子设备或系统的正常运行。

雷电导致电子设备中元、器件损坏的最终形式主要是过电压（包括过高的电位差）和过电流。但在一些情况下,电子设备在雷电作用下,元、器件是否损坏,除了与电压和电流的幅值相关,还和电压和电流作用的时间密切相关,因此,有关资料中,以一定时间中使电子元、器件失效的功率或电子元、器件受损能级定义电子元、器件承受雷电的能力。

闪电中,每次放电释放的能量达数百兆焦耳（MJ）,敏感的电子设备,其耐受能量仅为数毫焦耳（mJ）。特别是电子技术从 20 世纪 60 年代的电子管器件发展到 80 年代的大规模集成器件以后，电子元、器件的耐受能量已由 0.1～10J 降至 $10^{-6}\sim10^{-8}$ J，使得电子设备的雷电损坏率骤然升高。

6.3　电子设备雷电危害防护

安装有天线的电子装置和系统，需要对天线进行直击雷防护，通常也都是采用避雷针等直击雷防护措施。其方法和要求可参照建筑物直击雷防护的要求。

安装电子设备和系统的建筑物的防雷也和其他建筑物相同，但相对于其他建筑，其接地装置的接地电阻应尽可能降低，因雷电流在接地体上的地电位升高形成的反击对电子设备的危害比对其他设备严重。

微电子元、器件构成的用电设备和系统的其他部分一般都安装在室内，不会遭受直击雷危害，但其他形式的雷电危害却比其他设备受到的危害要严重，根据电子元、器件雷电危害特点，电子设备和系统的雷电防护特点及主要措施如下：

（1）对于由电源侵入的雷击过电压和过电流危害的防护，主要措施是防止雷击过电压和过电流沿电源线侵入电子设备和系统。通常在设备电源侧安装避雷器或其他限压或限流器件，可有效防止电源侧的雷击过电压、过电流侵入电子设备和系统。

（2）各种测控导线、信号线、联络线、金属导体或管线也会将其他区域的雷击过电压、过电流和不同电位差引入电子设备或系统中，预防这种情况的措施是对引入的导线、金属导体或管线进行屏蔽和接地，必要时还可采用光电隔离等各种隔离技术，有效阻止雷击过电压、过电流和高电位差进入电子设备和系统。

（3）地电位升高会形成反击，为防止这种情况下的雷电危害，应尽可能降低各种接闪装置接地体的接地电阻，降低地电位升高幅值。

（4）由于雷电流通过接地体向地下泄放时，会在接地体的不同部位形成不同的电位，不同接地点的电位引入同一设备或电路单元时，在元、器件之间形成电位差造成元、器件损坏。为预防这种情况的发生，最有效的方法是对同一装置或系统中的电路接地进行"等电位连接"，即将同一装置或系统所有电路的接地点通过导电性能良好的导体连接在一起后，再和雷电接闪装置或强电系统的主接地装置连接。当雷击发生引起主接地装置的电位升高时，等电位连接导体的电位随之升高，但这时并没有雷电流在连接导体中流过，整个等电位连接导体基本上处于同一电位的状态，在连接导体的不同部位，接地的电路单元和元、器件之间不会出现电位差，因而不会因雷击造成危害。

通常电子设备或装置的金属外壳是和接闪装置或强电系统的主接地装置连接在一起的，因此应注意电子设备或装置的所有电路单元和金属外壳之间保持良好的绝缘，必要时可在电子电路和外壳之间加装限压器件，对可能出现的反击过电压进行限制。

（5）对于雷击引起的信号干扰的防护主要是屏蔽，完善的屏蔽措施可减小和防止雷电引起的信号干扰。最常用而有效的方法是对电子设备采用金属外壳；将电子装置或系统安装在金属屏蔽网构成的屏蔽室内；所有引入的金属导线都采用具有金属屏蔽层的屏蔽导线。

（6）应该注意的是雷电流经接地体入地的路径上，如果有电子设备或系统的导线和雷电流所在导体距离很近，且并行的距离也很大，发生雷击时，就会在电子设备或系统的导线中感应电流，形成过电流、过电压或干扰信号危害。这时首先应尽量避免这样的情况发生，并根据实际情况采取限流、限压或屏蔽措施进行防护。

6.4 电子设备的防雷器件

电子设备过电压、过电流危害防护除已经介绍的避雷器外，还会经常用到浪涌保护器、压敏电阻、放电管、二极管、齐纳二极管等器件。对于电子设备过电压、过电流危害防护器件的基本要求如下：

（1）保护器件应具备良好的限压箝位效果，在设计允许的最大雷电流的冲击下，保护器件应能将过电压箝位在设计限定的水平以下，那些用于保护回路末端的保护器件残压应明显低于被保护电子设备的耐受值。

（2）在最极限的情况下，即在抑制设计确定的最高雷电暂态过电压时，保护器件自身应能安全运行，不发生破坏，这就要求保护器件具有足够的通流容量。在保护设计中，既不能过分夸大极限条件，以免不切实际地增大保护措施的投资，同时又不能低估雷电暂态过电压水平，确保保护措施的可靠性。

（3）保护器件接入被保护系统后，常常会影响系统的正常运行，为减小这种影响，要求并联状态的器件应具有尽可能大的阻抗，而串联状态的器件应具有尽可能小的阻抗，特别应注意器件寄生参数（寄生电容或电感）的影响。

（4）在抑制雷电暂态过电压时，保护器件应有足够快的动作响应速度，这一点对微电子设备是至关重要的。

（5）安装保护器件时，保护器件与系统的引线应尽量短，以减小引线寄生参数的影响。

（6）保护器件自身的损耗应很小，以减缓器件老化，保证器件性能的稳定。

放电管的类型主要有二极管、三极管和五极放电管等。放电管的主要技术性能如下：

（1）伏安特性。图6-1为放电管的伏安特性，其中 A 点为放电管在直流电压作用下的起始动作电压，称直流放电电压。BC 段为放电管的正常辉光放电区，此区域内放电管两端的电压基本保持不随电流变化，CD 段为放电管的异常辉光放电区。放电管从 D 点开始由辉光放电向电弧放电转化，在 E 点进入电弧放电区。通常情况下，即使同一只放电管，D 点和 E 点的位置也有

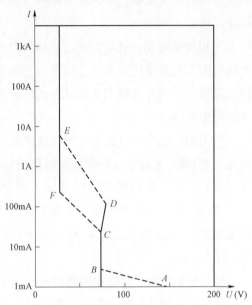

图6-1　放电管的伏安特性

较大的分散性。在 E 点以上的特性，放电管两端的电压与电流基本无关，电压维持在电弧压降水平（10~30V），从而形成对过电压的箝位作用。在电流下降阶段，一般要到比 E 点更低的 F 点电弧才能熄灭，放电管由电弧放电转变到辉光放电状态，随着电流的进一步减小，辉光放电停止，放电管恢复开断状态。放电管不能长时间工作在电弧放电区，也不能长时间工作在辉光放电区，否则放电管性能会受到损害，甚至导致放电管永久性损坏。

（2）放电管电气参数。直流放电电压：放电管在上升陡度低于100V/s的电压作用下开始放电的平均电压值称为直流放电电压。对于设置在交流电源线路上的放电管，其直流放电电压应满足

$$u_{fdc} \geqslant 1.8 U_P \qquad (6-1)$$

式中：u_{fdc} 为直流放电电压；U_P 为交流电源正常运行电压。对于设置在直流线路

上的放电管，其直流放电电压应满足

$$u_{fdc} \geq 1.8U_W \qquad\qquad (6-2)$$

式中：u_{fdc} 为直流放电电压；U_W 为直流线路正常运行电压。

冲击放电电压：在一定上升陡度的脉冲电压作用下开始放电的电压称为冲击放电电压。因为放电管的动作响应与电压上升陡度有关，对于不同的上升陡度，放电管的冲击放电电压不同，制造商一般是给出上升陡度为 1kV/μV 时的冲击放电电压值。

工频耐受电压：放电管通过工频电流 5 次，使放电管的直流放电电压和极间绝缘电阻无明显变化的最大电流称为工频耐受电流。当放电管应用于交流线路保护或应用于一些容易受到交流线路感应的通信线路保护时，应当关注放电管的工频耐受电流指标。

冲击耐受电流：将放电管通过规定波形和规定次数的脉冲电流，使其直流放电电压和极间绝缘电阻不会发生明显变化的最大电流峰值称为放电管的冲击耐受电流。制造厂商通常给出 8/20μs 波形下通流 300 次的冲击耐受电流。

极间绝缘电阻和极间电容：放电管的极间绝缘电阻非常大，制造厂商提供的该参数值一般为其初始值，约为数千兆欧；放电管的极间电容很小，一般为 1～5pF 左右。

（3）压敏电阻。压敏电阻器件一般用于低压电气系统和电子信息系统的电涌过电压防护，制造压敏电阻的材料与氧化锌避雷器的材料一样，也是以氧化锌为主的金属氧化物。

压敏电阻器件的伏安特性与前面介绍过的氧化锌避雷器的伏安特性类似（如图 6-5 所示），其整个特性分为三个区，即小电流区、限压工作区和过载区，在抑制雷电过电压时，压敏电阻不能工作在过载区。压敏电阻动作箝位的响应时间很短，仅为几个纳秒。压敏电阻的通流容量也比较大，其在 8/20μs 冲击电流波形下的通流容量可做到几十个千安。

压敏电阻可以和放电管串联起来使用，压敏电阻的寄生电容大，放电管的极间电容很小，串联后总电容减小，这可以克服压敏电阻的寄生电容大的缺点。串联后在系统正常运行时，放电管作为放电间隙，将压敏电阻与系统隔开，压敏电阻中基本上没有电流通过，这样可以有效减缓压敏电阻老化与性能衰退。在承受暂态过电压时，放电管首先动作导通，利用压敏电阻良好的非线性特性，可有效地箝位限压。过电压结束后，压敏电阻能有效地抑制续流，使放电管顺利地灭弧和切断续流。

压敏电阻电气特性如下：

压敏电压：压敏电压指通过规定电流时压敏电阻两端的电压。常见压敏电阻器件的压敏电压多指 1mA 直流电流流过器件时的两端电压，压敏电压实际上就是压敏电阻起始动作电压的参考值。

最大持续工作电压：最大持续工作电压是指在规定温度范围内，可以施加于压敏电阻两端的最大交流电压有效值或直流电压值。

箝位电压：箝位电压是指压敏电阻在通过规定波形（8/20μs）和峰值电流时，其两端的电压峰值，这一参数实质上就是压敏电阻在指定电流下的残压。

通流容量：通流容量是指按规定时间间隔与次数对压敏电阻通以规定波形（8/20μs）电流，其压敏电压变化仍在规定范围内所允许的最大电流峰值。

能量容限：能量容限是指压敏电阻通过单次规定波形冲击电流所能吸收的最大能量。在吸收这一能量时，压敏电阻的压敏电压变化仍在规定范围（±10%）以内。

电容量：压敏电阻自身的寄生电容参考值，一般情况下，压敏电阻通流容量越大，其寄生电容值越大。

压敏电阻的选用：

在选择压敏电阻时，应充分考虑所在系统允许电压的波动幅度。在直流电路中，压敏电压应满足

$$(U_{1\text{mA}})_{\min} \geqslant (1.8 \sim 2)U_{\text{w}} \tag{6-3}$$

式中：$(U_{1\text{mA}})_{\min}$ 为压敏电阻在 1mA 直流电流下的压敏电压下限值；U_{w} 为直流电路中的工作电压。

在交流电路中压敏电压下限值应满足

$$(U_{1\text{mA}})_{\min} \geqslant (2.2 \sim 2.5)U_{\text{ac}} \tag{6-4}$$

式中：U_{ac} 为交流电路中的工作电压有效值。压敏电压的上限值由被保护设备的耐受电压 U_{P} 来确定，即

$$(U_{1\text{mA}})_{\max} \leqslant U_{\text{P}} / k \tag{6-5}$$

式中：k 为箝位电压比。

压敏电阻的通流容量应根据它可能遇到的实际雷电电涌的条件确定，应能保证在极端条件下通过压敏电阻中的冲击电流小于其通流容量。

寄生电容选择主要根据系统工作频率确定，在系统工作频率较高时，应选用寄生电容较小的器件，以减小电容对系统运行的影响，必要时应采取减小寄生电容的措施。

（4）齐纳、雪崩二极管。齐纳二极管和雪崩二极管具有相似的伏安特性，如图 6-2 所示，该特性分为三个区，即正偏区、反偏区和击穿区。在正偏区，二极管承受正向电压，在很小的正向电压下就能正向导通，在这一区内的工作机制与普通二极管一样。在反偏区，二极管承受反向电压，其中仅流过很小的反向泄漏电流，处于近似开路状态。当二极管两端反向电压升高超过一个临界值（U_z）时，二极管开始反向击穿，这一临界值称为二极管的反向击穿电压。击穿后二极管处反向导通状态，工作于击穿区。击穿区的伏安特性具有良好的箝位恒压特性，能够被应用于暂态过电压的抑制。

由于齐纳二极管和雪崩二极管都是通过反向击穿来限压，它们的限压功能是有极性的，为了抑制正、负两种极性的过电压，需要将两只二极管的阳极连在一起，形成串联结构。在任意一种极性的过电压作用下，总有一只管子处于正向导通，而另一只管子处于反向击穿，并形成箝位。由于这种连体方式使用得比较多，现已在制造上将它们封装于同一个管体内，构成一个双阳极管，其伏安特性如图 6-3 所示。

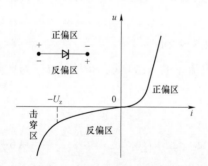

图 6-2　齐纳二极管和雪崩二极管的伏安特性

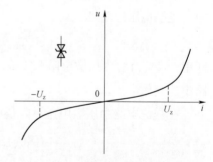

图 6-3　双阳极管的伏安特性

由于齐纳二极管和雪崩二极管都是通过反向击穿来限压，其响应时间很短，响应时间为几十微秒左右，比压敏电阻的响应时间还要短。它们的伏安特性的非线性程度也很高，显示出良好的恒压箝位特性，且残压水平低，一般为几伏到十几伏。因为齐纳二极管和雪崩二极管的这些保护性能上的优势，它们可直接用于那些较脆弱的电子设备或在多级保护电路中作最后一级的限压器件。

（5）暂态抑制二极管。暂态抑制二极管是为抑制暂态电涌过电压专门设计的，与齐纳二极管和雪崩二极管相比，其结构特点如下：

1）具有较大的截面积，通流能力强，适合对通流容量要求高的电涌过电压抑制。

2）管子内部配备有特殊材料制成的散热片，散热条件较好，有利于管子在抑制电涌过电压过程中吸收较大的电涌过电压能量。

3）在管子制造过程中，管子的过电压保护性能得到了加强，性能更好，制造厂商在管子的技术资料中给出了过电压抑制的相关参数。

由于暂态抑制二极管的截面积大，其寄生电容也明显增大，通常达5000～10 000 pF，因此，难以应用于频率较高的信息系统的保护。

暂态抑制二极管的电气特性参数如下：

额定击穿电压：额定击穿电压是指通过 1mA 电流时的击穿电压。

最大箝位电压：最大箝位电压是指管子通过规定波形大电流时其两端出现的电压峰值。

脉冲功率：脉冲功率是指管子通过 $10/1000\mu s$ 波形电流时两端出现的峰值电压和峰值电流的乘积。

反向变位电压：反向变位电压是指在反偏区管子两端所能施加的最高电压，在此电压下，管子不应发生反向击穿。这一参数应明显高于所在系统的最高运行电压，不能在系统的最高运行电压下处于弱导通。

最大泄漏电流：最大泄漏电流是指管子在反向变位电压作用下流过的最大反向电流。

6.5 等 电 位 连 接

防雷接地技术要求不仅仅是接地体和接地装置的接地阻抗值，还应包括接地连接方式、不同设备接地点的确定等。如弱电系统的接地应先将所有弱电的"地"共同连接到一起（即等电位连接），然后再和强电系统的主接地网连接。早期的资料和一些技术标准及规范中都没有强调这一点。

接地装置中，总是难免有电流通过，这种电流有闪电时的雷电流、电力设备的正常工作电流和系统三相不平衡电流、各类微电子设备的工作电流等。电流流过接地装置会形成电压降，在不同点形成电位差。当不同微电子设备或装置的电路地（或称参考地）在不同位置和接地装置连接时，不同微电子设备或装置的参考电位会存在差别，出现电位差，如果不同设备相互之间有导线连接，这种电位差就会出现在同一设备和设备的元、器件中，其幅值超过能够承受的最大值时，就会造成设备绝缘击穿和设备元、器件损坏。

为避免这种情况的发生，除其他防雷措施外，还应采取进一步的措施避免这种电位差出现在电子设备或系统中。理论和实践都表明，防止电子设备、装置等弱电系统的电位差危害的最有效措施就是接地点的"等电位连接"。

在强电系统中，接地是将电气设备及电力系统的某些部分，如设备外壳、中性点等和接地装置连接，将整个巨大系统的接地点通过接地体连接成一个完整的整体。而防雷接地则主要是将避雷针、避雷带、架空避雷线等接闪装置及避雷器等过电压保护器件接地，确保雷电流的顺利泄放。等电位连接是将所有弱电，主要是含电子元、器件的微电子设备中的电路"地"连接在同一导电体上，然后统一连接到接地体上。

表面上看来，等电位连接后接地和强电系统接地及防雷接地（包括建筑物防雷接地）没有什么两样，但对电子设备和系统的雷电危害防护却有完全不同的效果。接地往往涉及众多设备，而且不同设备安装在不同的位置，分布在一定的区域中，考虑设备就近接地的原则，接地体或接地装置的布置或敷设往往会涉及一个较大的范围。当雷击发生时，通过接地体或装置向地下泄放时，会在不同部位产生不同的电压降，在任何两点之间形成电位差。这种电位差通过不同的导电体引入同一设备、电路单元或同一元、器件上，就有可能因反击引起设备绝缘击穿，元、器件损坏。对电子设备和系统中的电路"地"等进行等电位连接后接地，尽管雷电流在接地体或装置的不同部位产生电位差，但等电位连接导体上始终处于和接地体或装置连接点相同的电位。该点电位升高或变化时，等电位连接导体电位会随该点电位的变化而变化，但整个导体的不同部位始终处于同一电位状态，不会在不同部位出现电位差，从而有效防止雷电流产生电位差形成反击危害。

实际中，可将电力系统接地或防雷接地称为主接地体（接地装置或接地网）。而对微电子设备或系统则先进行等电位连接，然后只在一处和主接地网连接，作为它们的接地。

在上面的叙述中，等电位连接是通过导电体将不同保护对象的"电位参考点"（通常是该设备、装置或系统的电路"地"）连接在一起，使它们在任何情况下都处于相同的电位。

近年来，随着微电子技术的发展，人们发现微电子设备、装置或系统对等电位的要求更高。因为它们中的微电子元、器件抵御雷电危害的能力都很脆弱，很小的电位差都可能对这些元、器件构成危害。因此，对于处于同一区域、相互之间有导电线路连接的所有微电子设备、装置或系统的参考电位点连接后，电子设备本身还会有电流在连接导体中流过，这种电流也会在连接导体上产生电压降，在连接与电子设备或系统其他导线之间形成电位差。因此，仍然需要考虑这种情况下的电位差的影响。

为避免这种情况发生，用于微电子设备、装置和系统的等电位连接的导体，要求采用导电性能良好，并具有一定截面积的铜排，以保证电流流过铜排时，不同部位之间不出现大的电位差，确保不同电位参考点之间等电位。

根据等电位连接要求，等电位连接体和主接地体只能有一处连接，其他部位应和主接地体保持良好的绝缘状态，因此，在连接铜排和主接地体连接之前，应对连接铜排和主接地体之间的绝缘状况进行检查。

进行等电位连接后，由于电子设备或装置的金属外壳是和接闪装置或强电系统的主接地装置连接在一起的，因此，等电位连接铜排、电子设备或装置的所有电路单元和金属外壳之间应保持良好的绝缘。

电子设备和系统之间的测量、控制等信号线一般都带有金属屏蔽层，具有外绝缘层的导线，其屏蔽接地可和等电位铜排连接，这样可以避免金属屏蔽将高电位引入电子设备或组装置。屏蔽层不带外绝缘的导线，其屏蔽层在敷设过程中难以避免和设备外壳、接闪装置或强电系统的接地体接触。如果存在这种情况，屏蔽层就可能在雷击引起的地电位升高时，将高电位引入电子设备或系统。这时导线的屏蔽应和接闪装置或强电系统的接地体连接，并在导线两端采取限流、限压措施。这样也可避免屏蔽在等电位连接铜排上连接引起铜排的不同部位出现电位差。

6.6　雷电产生的信号干扰及防护

雷电形成的过电压、过电流除会对人员、设备等造成危害外，还会通过传导、感应等效应形成的各种电流、电压信号，对微电子等弱电设备和装置形成信号干扰。雷电流本身是幅值很高、持续时间很短的脉冲信号，但反映在电子设备或系统中时，信号的幅值大大削弱，但在不同条件下，波形的陡度和持续时间会在一个很大的范围内变化。这种雷电脉冲信号引入弱电设备，会对电磁干扰非常敏感的电子设备构成干扰，影响设备运行甚至造成事故。

前面的限流、限压和等电位连接措施对传导形成的干扰有较好的抑制效果。但感应形成的干扰仍然存在，因此还需要防止电磁感应信号的干扰，其主要措施是电屏蔽。

电屏蔽的作用原理实际上是减弱干扰场源与被干扰物体之间的电场感应，阻止外界电场的力线进入屏蔽体内部。屏蔽一般由导电良好的导体构成，用导体组成一个封闭的曲面后，曲面外的电力线就不能进入曲面内，如果曲面内的物体和曲面外没有任何联系，球面内的物体在任何情况下都不会受曲面外干扰源的电力的作用。

在图 6-4（a）中，球面外干扰源的电力线是不能进入球面所包围的区域内的，但由于球面未接地，球面对地存在电容，球面的电位处于悬浮状态，引入外界干扰源的电力作用时，干扰源对球面与地面之间的电容充电，整个球面的电位会随之变化。这时如果球面内的物体有导体从球面内引出，处于球外的导体的电位此时没有变化，和导体连接的物体的电位和导体相同，也没有变化，物体和球面之间出现电位差，外部干扰源仍然会对球内物体有电力的作用。

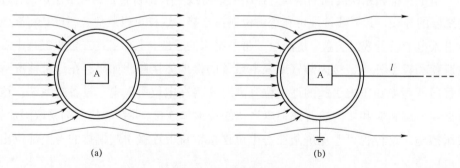

(a)   (b)

图 6-4　电屏蔽原理图
(a) 屏蔽未接地；(b) 屏蔽接地

这里和物体连接的导体的电位没有变化，是因为导体的远端受干扰源的电力作用较小，其电位变化很小，而导体却又将这一电位引到物体上。为减小物体受干扰源电力的作用，即屏蔽外部电力的影响，可将物体用闭合的导体曲面包围起来，并将曲面接地，如图 6-4 所示。这样，当物体附近的干扰源电力作用变化时，球面和外部引入的导体相对于地面的电位都不会变化，球面和物体之间的电位不会因干扰源电力作用变化而改变，从而屏蔽了外部电场变化对物体的影响。

干扰源与被干扰物体之间的电场感应是通过它们之间的电容耦合来传递的，在图6-5（a）中，"1"为干扰源，"2"为被干扰物体，它们的电位分布为U_1和U_2，两者之间的关系为

$$U_2 = \frac{C_{12}}{C_{12} + C_{20}} U_1 \qquad (6-6)$$

从式（6-6）可以看出，要减小被干扰物体上的电位U_2，可以增大C_{20}，即对于电子设备中的一些敏感元件或线路应尽可能贴近金属板或地线布置。另一方面，要减小电位U_2，还可以减小互容C_{12}，这表明被干扰物体应尽量远离干扰源，当这一措施难以满足要求时，就需要对被干扰物体进行屏蔽，即在干扰源和被干扰物体之间加入接地的金属屏蔽体，如图6-5（b）所示。

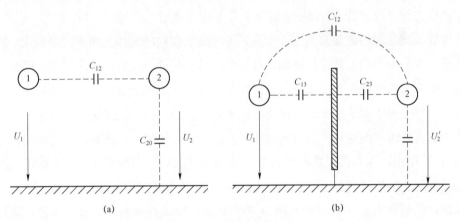

图6-5 干扰耦合及屏蔽
（a）干扰信号耦合；（b）接地金属屏蔽

由于屏蔽体不可能为无穷大，"1"和"2"之间仍有残余电容C_{12}'，在考虑了C_{12}'的影响后，"2"上的电位为

$$U_2' = \frac{C_{12}'}{C_{12}' + C_{23} + C_{20}} U_1 \approx \frac{C_{12}'}{C_{23} + C_{20}} U_1 \qquad (6-7)$$

将式（6-7）与式（6-6）进行比较，由于$C_{12}' < C_{12}$，$C_{23} > C_{12}$，相对于U_2来说，U_2'是非常小的，接近于零。这就是屏蔽的效果，在这里要强调的是屏蔽的良好接地对屏蔽效果是非常重要的。

磁屏蔽可分为低频磁场屏蔽和高频磁场屏蔽两种类型。低频磁场屏蔽难度较

大，因为低频磁场的屏蔽主要是依靠高磁导率材料所具有的低磁阻对干扰磁场的分路作用，而低频下的涡流屏蔽作用很小。图 6-6 所示为一个由高导磁材料（硅钢片等）制成的屏蔽体，该屏蔽体放在均匀低频干扰磁场中，由于屏蔽体磁导率很高，磁阻很小，而周围空气路径的磁阻却很大，因此绝大部分干扰磁场的磁力线沿屏蔽体通过，穿入屏蔽体内腔的空气路径的磁力线就很少，从而使得屏蔽体内的物体（如电子设备）得到屏蔽保护而不受外部磁场的影响。显然，屏蔽体材料的磁导率越高，屏蔽体厚度越厚，磁路的分流作用越显著，对低频磁干扰的屏蔽效果就越好。

高频磁场的屏蔽对于电子设备和装置的雷电危害防护来说有重要意义，由于雷电流的等效频率很高，它所产生的脉冲磁场会对电子设备和微电子元、器件造成严重的磁感应危害，导致设备和元、器件损坏。因此，需要对这种高频雷电脉冲磁场进行有效屏蔽。高频磁场的屏蔽是采用低电阻的良导体材料，如铅、铝等。其屏蔽原理是利用磁感应效应，让高频干扰磁场在磁屏蔽体表面感应出涡流，涡流又产生反磁场来抵消干扰磁场，以达到屏蔽的目的。按电磁感应定律，闭合回路中感应出的电动势正比于穿过该回路磁场强度的时间变化率，对于高频磁场而言，其时间变化率是很高的，感应作用也是很强的。由于磁感应电动势所产生的感应电流又将产生磁场，按楞次定律，该磁场方向和原干扰磁场的方向相反，如图 6-6 所示，当高频干扰磁场 B_0 穿过金属屏蔽体时，在屏蔽体中产生涡流，涡流环电流产生的磁场 B 与干扰磁场 B_0 方向相反，对 B_0 产生抵消作用。同时，B 在屏蔽体的侧面与 B_0 方向一致，使 B_0 得到增强，则就意味着对屏蔽体来说，磁场只能从其侧面绕行而过，难以从其正面通过。如果将良导体做成屏蔽，则外界干扰磁场将受到屏蔽的涡流磁场的排斥和抵消而难以进入屏蔽内，从而实现对屏蔽内的电子设备的磁屏蔽保护。

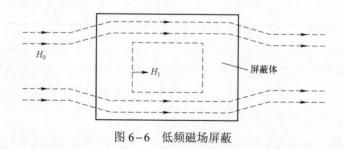

图 6-6　低频磁场屏蔽

　　电磁屏蔽是利用屏蔽体来削弱和抑制高频电磁场的一种技术措施，这种屏蔽同时对电场和磁场进行阻尼和衰减。电磁屏蔽体常用导电材料或其他能有效阻挡电磁波的材料制成，接地良好，其屏蔽效果与电磁波的性质和屏蔽所采用的材料的特性密切相关，并采用屏蔽效能加以定量描述。屏蔽的定义为：无屏蔽体时，空间某点的电场强度 E_0（或磁场强度 H_0）与有屏蔽体时该点的 E_0（或 H_0）之比

$$S_E = \frac{E_0}{E_1} = \frac{H_0}{H_1} \qquad (6-8)$$

式中：S_E 为屏蔽效能。由于屏蔽效能的量值很大，计算很不方便，因此在工程上采用分贝（dB）来计量，用分贝计量时屏蔽效能为

$$S_E = 20\lg\frac{E_0}{E_1} = 20\lg\frac{H_0}{H_1} \qquad (6-9)$$

　　对于屏蔽效能分析，常采用传输理论，因为电磁波在金属屏蔽体中的传播过程与波在传输线上的传播过程相似，在分析上显得比较简便。这里将运用传输理论来分析金属板的屏蔽效能，为此，考虑有一块厚度为 d 的金属板，当电磁波入射到金属板的第一个表面时，电磁波将发生折、反射，一部分电磁波被金属板反射回去，剩余部分折射透过金属板的第一表面进入金属体内，在金属体内衰减传输，经距离 d 后到达金属板的第二个表面再次发生折、反射，再有部分电磁波被反射回金属体内，部分电磁波透过金属板的第二个表面进入金属板的另一侧。在金属板的第二个表面被反射回来的那部分电磁波在金属板中反向衰减传输，经过距离 d 后到达金属板的第一个表面继续发生折、反射，这一过程将反复循环。在这一过程中，电磁波刚到达金属板的第一个表面时被其反射回去的反向能量称为反射损耗，从金属板第一个表面透进金属板内的折射波在其中传输时的衰减损耗称为吸收损耗。电磁波在金属板的两个表面之间产生的多次反射所引起的能量损耗称为多次反射损耗。综合考虑这些损耗后，金属板以倍数表示的电磁屏蔽效能可估算为

$$S_E = A \cdot R \cdot M \qquad (6-10)$$

式中：A 为吸收损耗；R 为反射损耗（倍）；M 为多次反射损耗的修正项。

　　如果将上式中各项均用分贝（dB）表示，则可写为

$$S_E = A + R + M \qquad (6-11)$$

　　通常，吸收损耗正比于金属板的厚度 d，且随频率、导电率和磁导率的增大而增大。反射损耗 R 不仅与金属材料本身的特性（导电率和磁导率）有关，而且

还和金属板所处的位置有关。在计算反射损耗时，先应根据电磁波频率及干扰源与金属板之间的距离来确定所处区域，视近区和远区两种情况分别进行计算。在金属板吸收损耗较大（$A > 150\,\text{dB}$）的情况下，多次反射损耗修正项 M 可以略计，因为吸收损耗较大，意味着金属板较厚或频率较高，因此电磁波在金属板内经一次传输到达第二个表面时已衰减得很小，再反射回金属板第一个表面的能量将更小，多次反射后电磁波将衰减到微乎其微，以至于可以不必考虑。但是，当金属板薄或频率低时，吸收能量很小，多次反射使屏蔽效能下降的影响就必须考虑。这里只对金属板的电磁屏蔽效应做了一个定性的分析。

电子设备防雷屏蔽的具体措施如下：

屏蔽法（法拉第笼法）。雷电危害防护采用的方法主要是"堵"，闪电发生后，巨大的瞬时电流会通过被击中物体所在区域中所有能够导电的通道流散，形成的电磁辐射将向周围空间辐射；快速变化的空间电场和磁场将以感应的方式向周围传播，这些都将造成危害。屏蔽法可有效地将作用过程堵在被保护区域外面或屏蔽表面，预防这些效应造成的危害。

建筑物屏蔽。现代建筑物多采用钢筋混凝土结构，其板、柱、梁和基础内都有大量钢筋，一些建筑还采用了不同的钢构件，将这些钢筋和钢构架可靠地连成一体，即可构成一个雷电屏蔽网。

线路屏蔽。从雷电脉冲电磁场防护角度来看，位于建筑物之间的户外线路（供电线路和通信线路等）应采用带金属屏蔽的电缆。对于没有屏蔽的线路，应设置金属管道，线路从金属管道中穿过，在进入建筑物的入口处，金属管道应与地网可靠连接，也可形成好的屏蔽。

在一些特殊要求的情况下，还可将整个建筑用金属网、板封闭起来，形成更完善的屏蔽，对雷电的屏蔽效果更好。

针对不同的雷电危害可采用不同类型的雷电防护措施，但是他们的作用都有一定的局限性，实际应用中必须根据具体需要正确选择。为了得到好的预防效果，提高可靠性，不同类型的方法常常结合使用。如安装了避雷针的建筑内的重要设备还常常需要建立屏蔽室，电子电路或设备加装金属外壳等。事实上安装避雷针后，建筑物遭受雷击的概率增加，更应重视电磁干扰的危害防护。

在相关资料中，建筑物安装了避雷针、避雷器，也采取了屏蔽措施，但仍然发生了雷击危害，甚至损失巨大。分析其原因主要有：

（1）采取了预防措施，但措施实施时的质量不满足设计要求。

（2）采取的措施未针对被保护设备的特性和要求，选择的预防措施不正确。

（3）实施的措施不完善，存在防雷漏洞，如对于大量存在的微电子设备，对于雷电危害的承受能力非常脆弱。表现形式主要是大电流、高电压和异常电位差等，引起设备中元、器件的放电击穿。雷电时的大电流和高电压容易引起人们的注意，但是设备所在区域由于各种需要，常常会有许多电缆、电源线、通信线、测量信号线及其他各种金属管、线等。雷击发生时，会在雷击区的不同部位形成不同的电位差，这些管、线都是电的良导体，它们会将不同点的电位引致同一设备，在设备元、器件之间形成异常的电位差，引起设备元、器件放电击穿，引发事故。

预防此类事故发生的最好办法是等电位连接，在需要保护的设备区敷设导电性能良好，具有一定截面积的铜排，作为设备中不同管、线的等电位连接线。使用时将不同管、线的外屏蔽层及需要的等电位连接的部位都连接到等电位线上，并在工作芯线和屏蔽层之间安装合适的小型避雷器，可有效预防此类事故的发生。这一方法的主要作用已逐渐被人们认识到，并已经广泛用于实际中。

（4）一些易燃、易爆物品储存区的防雷设计都很到位，设施也很完善，但雷击造成的重、特大事故却也常有发生。值得特别注意的是，在易燃、易爆物品存放区，最容易引发大火、爆炸事故的是雷电过程产生电火花。

在雷电发生时，瞬间变化的强电流、高电压会通过传导、感应、辐射等各种方式向四面八方传递，这种传递可谓"无孔不入"。处在易燃、易爆物品储存区的导电体，如果没有良好接地或存在间隙，就会因雷电作用在不同导体之间形成电位差，在导体的间隙之间产生火花放电，引发事故。而且越是小的间隙也越容易引起火花放电。

因此，在储存易燃、易爆物品的油罐、仓库储料场等区域，建筑物中使用的金属材料，防雷设计敷设的地网、引下线，存放、输送易燃、易爆物品的金属管线、构架，易爆物品本身的金属构件等，均应可靠连接或接地，即在易燃、易爆物品存放区，不允许存在悬浮的金属导体。

风电场雷电危害及防护

近年来，我国风力发电发展迅速，风电装机容量不断增加，因雷电危害导致风电场设备损坏、机组停运的故障和事故问题也日益突出，雷击造成风机叶片损伤、机组电控设备故障、箱式变压器烧毁等事故时有发生。这种状况直接给风力发电企业造成极大的经济损失，严重影响了风力发电的生产甚至电网的安全稳定运行。

常规电力生产系统及设备的雷电危害防护技术相对比较成熟，雷击引起的设备损坏、系统稳定障碍及事故正逐年减少，但风力发电生产中雷电引起的障碍和事故却逐年上升。

相对于雷电危害，风力发电生产具有不同于常规电力生产的特点，风力发电的防雷技术必须针对风力发电生产过程中雷电危害的特点才能取得良好的防护效果，保证风力发电设备和系统的安全稳定运行。

7.1 风力发电系统雷电危害特点

风力发电场的建设主要考虑的是良好的风力资源。为此，我国风力发电场建设的地域主要为以下几种情况：

（1）在我国西部、北部地区，风电场一般都建在荒漠和戈壁滩上，也有少数建在山区，山区的风机一般都安装在山顶或山脊的最高处。

（2）北方的内陆地区，风电场主要建在空旷的草原和平原及山区。

（3）南方的内陆地区，风机主要安装在山区和湖面上。

（4）沿海地区，风机一般都建在邻近海岸的海面上。

以上地区风电场的共同特点是，风机都安装在区域内相对高度最高的部位，如果区域内发生雷暴，高耸于地表的风机塔最容易成为雷暴中对地闪电的闪击点。

风机塔高耸于地表，塔体都为良好的金属结构，塔体高度一般都在几十米甚至超过百米。对于风机塔一般都无法像其他建筑物那样安装避雷针，因为不可能在风机塔四周建立比风机塔还高的避雷针，并取得良好的防直击雷效果。

由于风机塔本身就是一个很好的引雷装置，区域内发生雷暴时，风机塔所在位置的一个较大区域内的对地闪电都会发生在风机塔上。因为对地闪电的下行先导发展到接近风机塔附近时，将最先在导电良好的风机塔诱发上行先导，吸引闪电。

风机叶片处于风机塔的最高处，而且经常处于运动状态中，更容易成为对地闪电的闪击目标。所以风机塔被对地闪电直接击中是必然的。风机塔遭受雷击后，必将引起风机塔接地体的电位升高，对风机塔内设备及箱式变压器形成反击，危害设备安全，引发设备事故。

在风电场中，一般安装的风电机组都比较多，不同发电机组都通过集电线路将电能统一输送到升压站升压后送出。集电线路的电压等级都比较低，一般为10kV 或 35kV。集电线路的距离一般都比较小，常采用架空线路或电缆方式输送电能。

在风电场中，升压站和集电线路的雷电危害形式和普通电力系统中的变电站及输电线路相同，主要有直击雷危害、侵入波危害和地电位升高形成的反击危害。

近年来，因雷击造成的风电机组故障已是一个公认的越来越严重的问题。据相关资料介绍，某风电场在 2010 年 7 月，因雷击造成多台风电机组及箱式变压器损坏；另一个风电场自投产以来，仅在 2012 年的 3 个月内就发生了多次因雷击导致风电机组受损、箱式变压器损毁、设备停运事故，造成的直接经济损失就高达几十万元。

2016 年 5 月 2 日 18 时 10 分，一个风电场 10 号风机报变压器故障停机，后检查发现事故导致箱式变压器损坏，箱式变压器室顶部严重变形，散热片防护罩变形，690V 低压侧电涌保护器引线烧断，690V 侧 B、C 相铜排热缩绝缘套烧坏，一次引线损坏，690V 主断路器外壳被熏黄，B 相铜排与零相铜排之间有严重电弧烧伤痕迹，C 相绝缘垫块损坏；35kV 侧的 B、C 相熔断器熔断，变压器吊罩检查，发现变压器绝缘油变黑，变压器绕组紧固件散落，绕组烧毁。直接经济损失近十万元。也有资料提到，雷击造成箱式变压器损坏时，690V 母排有电弧烧伤痕迹。

风机塔被对地闪电直接击中后，强大的雷电流由雷击点侵入，经风力发电机塔体和风机塔接地体入地。这种雷电流产生的物理效应主要有过热、过电压、过电流及电磁感应等，这些效应都有可能对风力发电设备造成危害。

当雷击风机塔时（雷击可能发生在风机的叶片上，也可能发生在塔体的其他部位），一次闪电中的梯级先导和随后回击的电场能都将消耗在整个闪电电流通道及其附近区域中，而整个闪电电流通道包括大气中的闪电通道、风机叶片的接地引线、接地引线碳刷、风机塔体、风机塔的接地体及接地体周围的土壤等。

为简化分析，闪电放电过程可近似地用充电电容器的放电过程进行等值分析。图 7-1 为已充电电容器对电阻放电电路图，其中 C 为已充电电容器，r 为电容器的等值电阻，R 为外电路的等值电阻。在雷击风机塔时，R 包括风机叶片的接地引线、接地引线碳刷、风机塔体、风机塔的接地体及接地体周围的土壤等串联后总的电阻值。

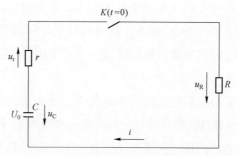

图 7-1　已充电电容器对电阻放电电路图

开关 K 在合上前，电容器已经充满电，电容器上的电压 $u_C = U_0$，开关在 $t = 0$ 时动作，开关合上后 $t \geq 0$，根据基尔霍夫定律可得

$$u_r + u_R = u_C = U_0 e^{-\frac{1}{(r+R)C}t} \tag{7-1}$$

$$
\begin{aligned}
i &= -C\frac{\mathrm{d}u_C}{\mathrm{d}t} = -C\frac{\mathrm{d}}{\mathrm{d}t}\left(U_0 e^{-\frac{1}{(r+R)C}t}\right) \\
&= -C\left(-\frac{1}{(r+R)C}\right)U_0 e^{-\frac{1}{(r+R)C}t} = \frac{U_0}{r+R} e^{-\frac{1}{(r+R)C}t}
\end{aligned} \tag{7-2}
$$

式（7-1）表示电压随时间的变化，时间 $t = 0$ 时，电容器上的电压 u_C 等于 U_0，

然后按指数规律衰减到零；式（7-2）表示电流随时间的变化，时间 $t=0$ 时，电路中的电流跃变到 $\dfrac{U_0}{r+R}$，然后按指数规律衰减到零。其中 $(r+R)C$ 为衰减时间常数，常用 $\tau=(r+R)C$ 表示。充电电容器放电过程中电压和电流随时间的变化如图 7-2 所示。

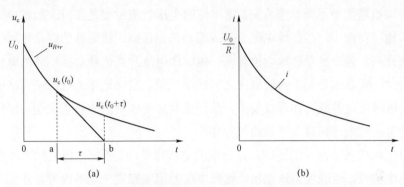

图 7-2　充电电容器放电过程中电压和电流随时间的变化曲线
（a）电压随时间变化曲线；（b）电流随时间变化曲线

在图 7-1 中，r 相当于闪电通道的等值电阻，R 相当于闪击点到入地之间的电阻，则整个闪电的电场能按两个电阻的阻值成正比分配，阻值大的消耗的电场能量大，阻值小的消耗电场能量小。通常闪电发生时，先导使整个大气中的放电通道内空气电离，通道内的电阻值一般都很小，如果闪击点到入地之间的电阻值比较大，则一次闪电的电场能就会有较大的能量消耗在闪击点到入地之间的电阻上。

风机塔上的闪击点到入地之间的电阻值包括风机叶片内引线电阻、叶片引线碳刷的接触电阻、塔体电阻、塔体接地体电阻和接地体在土壤中的流散电阻、风机塔接地体和箱式变压器接地体之间连接导线电阻、箱式变压器接地体电阻和接地体在土壤中的流散电阻。因此在考虑防止雷电危害的措施时，应保证以上结构中的各部分都满足最大雷电电流的情况下，不会造成过温或熔断开路而影响雷电电流的泄放。如接地回路局部故障造成局部电阻增加，则闪电的电场能就会向该处集中，造成局部过温甚至熔断。其中需要注意的重点包括叶片内的防雷引线的线径，接地碳刷的接触和各结构件之间跨接线的接触等状况，避免引起过热性故障。

1. 过电压形成的危害

显然，当强烈的雷击电流从闪击点侵入并通过整个接地回路入地的过程中，接地回路局部故障造成局部电阻增加，除引起过温外，还会在该处形成过电压，危及设备安全。

在集电线路、升压站及和升压站连接的输电线路遭受雷击时，雷击过电压会沿线路传输到升压站内的设备、箱式变压器和风机塔内的设备，在设备对地之间形成侵入波过电压，造成设备绝缘击穿、器件损坏。

当风机塔接地系统状态良好，雷电流的电压效应主要是在巨大的雷电流经接地体入地的过程中，在接地电阻上形成很高的电压降，接地体的电位相对于雷击前急剧升高，这一过程称地电位升高。接地体电位升高值就是接地体的电位相对于雷击前，或很远处无雷击的地区之间的电位差。当接地体的地电位升高值过大时，会对附近设备或物体形成反击，从而危及接地体附近的设备安全。形成反击的这种暂态过电压可称为"反击过电压"。

雷电流在入地路径的不同部位形成的电压将不同，不同部位之间可能会出现很高的电位差，也表现为过电压，这种电位差出现在同一设备内时，亦会引起放电造成危害。

在风力发电机组中，不可避免地有导电的金属线路和远处的设备连接，如机组的箱式变压器和升压站及不同机组之间的集电电缆、测量及控制信号线、带金属屏蔽的光缆等。雷击引起风机塔接地体电位升高时，远处没有雷击的升压站或其他风电机组处的电位仍处于低电位状态，连接的金属线路就会将远处的低电位引到遭雷击的机组设备处，在导电线和机组设备之间形成很高的电位差。当这种电位差达到设备绝缘击穿电压或元、器件损坏的幅值时，就会在导电线和设备之间引发放电，造成设备绝缘击穿甚至设备损坏事故。

2. 过电流热效应形成的危害

在风力发电机组的高压系统中，雷电流对风电设备的危害主要以电流引起导电体、设备元、器件及其他材料发热形成过热性故障的形式表现出来。这种情况主要出现在设备导电回路、风电机组变频器及其他二次设备中。部分风机叶片雷电损坏也会伴随有发热过程。

3. 电磁感应形成的危害

雷击风机塔时，雷电流经塔体流入地下的过程中，会以电磁感应的方式在电流流过区域附近的导体回路形成感应电动势和感应电流，当这种感应电动势和感应电流的幅值达到一定值后，也会对设备造成危害。在一次设备中，这种危害主要在变压器绕组上；而在风机塔内，电磁感应过程的危害主要发生在弱电设备中，电磁感应过程形成感应电动势和感应电流可能造成弱电设备绝缘击穿,设备内的元、器件损坏,形成的电流、电压信号对二次设备的正常工作造成干扰。

7.2 风力发电系统雷电危害防护

建筑物防雷和常规电力生产的防雷都已经有了相当成熟的技术,国家和电力行业都编制了比较全面、完整的防雷技术标准,或在相应的设备技术标准和规程、规范中对雷电危害防护提出了要求和规定。但风力发电生产系统及设备的防雷技术还很不完善,也还没有风力发电系统及设备的防雷保护技术标准,国内关于风电机组防雷保护的标准多参照 IEC 61400—24《风电涡轮发电机系统防雷标准》。风力发电机组设备现场布置,特别是箱式变压器等设备的结构、性能等和国外产品都会存在差异,所以 IEC 61400—24《风电涡轮发电机系统防雷标准》的适用性是值得考虑的。更重要的是现有风力发电防雷设计及发电机组、塔内设备、箱式变压器结构是否满足这种特殊条件下的雷电防护要求更值得进行全面分析。

根据全国风力发电场设计、建设和实际运行情况,由于没有统一的针对风电场的国家或行业的防雷技术标准,部分地区风电场防雷保护技术不完善,这种状况既存在于风力发电场设计、建设和运行过程中,还存在于风电设备的生产和制造过程中。

集电线路、升压站设备及升压站送出线路的雷电危害防护方法和措施与常规电力系统没有两样,在常规电力系统中适用的防雷技术和措施都可应用。因此,集电线路、升压站设备及升压站送出线路的雷电危害防护完全可以参照常规电力系统中雷电危害防护的要求执行。

根据前面的分析,风电场雷电危害的最大特点是,风机塔在运行过程中必然反复、频繁地遭受直接雷击,而又没有相应的技术措施进行直击雷防护。加之部分风机塔安装在土壤电阻率很高的高山上,风机塔的接地电阻值高,遭受直接雷击时,巨大的瞬时雷电流在接地体及接地电阻上形成电压降,引起接地体电位升高,并在风机塔和接地体的不同部位形成很高电位差。

地电位升高和接地回路不同部位之间的电位差都会以过电压的形式,通过各种导电体引入设备和设备内的元、器件,当这种过电压的幅值超过风力发电设备绝缘和元、器件能够承受的最大范围时,就会造成设备绝缘击穿,元、器件损坏。地电位升高的幅值越大,因地电位升高引起的过电压对设备危害的可能性和危害程度越大。地电位升高的幅值和接地体的接地电阻值有直接关系。当雷电流幅值一定时，接地电阻值越大，电位升高的幅值越高，雷电流在接地体形成的最大电位升高幅值 $u_{\max}$ 为

$$u_{\max} = i_{\max} R_{\mathrm{d}} \tag{7-3}$$

式中：$i_{\max}$ 为最大瞬时雷电流值；R_{d} 为冲击接地电阻值。

在常规电力生产系统中，110kV 及以上电压等级的变电站，地网的接地电阻是按系统短路电流确定的，一般要求接地电阻值不大于 0.5Ω，比雷电防护要求的接地电阻小得多。且 110kV 及以上电压等级的变电站中的设备绝缘强度都比较高，所以 110kV 及以上电压等级的变电站中地电位升高对设备危害的可能性很小。

对于 35kV 变电站，有关规程要求，35kV 变电站应设独立避雷针，即避雷针的接地体不和变电站接地网连接，因此，不会因雷击独立避雷针而引起变电站地网电位升高而危及设备安全。

当和 35kV 变电站连接的线路发生雷击引起过电压时，和设备连接的避雷器会动作泄放雷电流，这种电流也会引起变电站地网电位升高，但是由于 35kV 避雷器的动作电压比较高，动作后避雷器在限压区的阀片电阻仍是一个比较大的值，从而能更多地消耗闪电电流的电场能，并在一定程度上限制雷电流的幅值，加之 35kV 变电站接地电阻值小（0.5Ω），所以常规电力生产系统中的 35kV 电压等级的变电站，地电位升高对设备危害的可能性也很小。

10kV 电压等级系统一般都只有带金属外壳的单台变压器，雷击线路可通过避雷器进行保护，而根据 10kV 变压器（包括箱式变压器）的安装方式，不存在变压器本体遭受直接雷击的可能性，所以不会发生地电位升高对变压器造成危害。

常规电力生产系统中，雷击引起的地电位升高和电位差主要是容易对弱电设备造成危害，对电力一次设备的危害较小。

在风力发电场，虽然设备遭受直接雷击的可能性也很小，但风机塔遭受雷击后引起的地电位升高和不同部位的电位差，以过电压的形式对风力发电设备的危害程度比常规电力生产系统要严重得多。在风电场，风机塔的接地电阻一般要求不大于 4Ω，但在实际中，由于土壤电阻率等现场条件限制，风机塔的实际接地电阻值往往高于这一要求，有的甚至达几十欧姆。若雷电流为 $20 \sim 100\,\mathrm{kA}$，接地电阻值为 10Ω，则雷电流在风机塔接地电阻上的电压降（地电位升高幅值）将达 $u_{\mathrm{mix}} = 5 \times (20 \sim 100) = (100 \sim 1000)(\mathrm{kV})$。

通常的防雷技术中，对于反击的措施主要是"隔离"，即使被保护对象远离

升高的地电位，或采取绝缘以及其他措施与之隔离，如将避雷针设置为接地体和被保护设备的接地网分开的独立避雷针，但对风机塔无法另外设置独立的避雷针。

因此，雷电流引起接地体地电位升高形成的反击危害防护是风力发电生产过程中防雷技术的重点，也是风力发电设备防雷技术应特别注意的特征。风力发电机组、箱式变压器等电力设备的结构及整个发电系统的防雷技术必须满足风力发电生产中雷电危害防护特点的要求。

1. 发电机组雷电危害防护

风电机组是风力发电生产中的核心设备，在风力发电生产中占有非常重要的位置。但是，实际上风力发电机塔的结构形式对雷电危害防护是非常有利的，因为发电机本身的结构部件全部密封在一个金属塔内，相当于一个完好的电磁屏蔽，完全可以不受外部电或电磁作用；同时，发电机内的所有部件几乎都和外部环境没有直接联系，仅有发电机出线通过变频系统、箱式变压器和外部有间接联系，变频系统没有问题，就不会影响到发电机。

实际运行经验表明，风力发电机组的雷电危害大部分发生在风机叶片上，或因辅助设备损坏而引起发电机组受损。因此，发电机组的防雷重点在风机叶片，在风机运行过程中，叶片始终是风电机组所有部件中，处在空间位置最高的部件，且处在不停的运动状态，最容易成为对地闪电闪击的部位。实际条件不但无法对风机塔（包括风机叶片）采取防直击雷的保护措施，相反，风机叶片本身就是一种非常容易引雷的装置，所以风机叶片遭雷击也是一个必然状态。风机的防雷首先要考虑风机叶片遭受雷击时不造成雷电危害。

2. 风机叶片的雷电危害防护

现代风力发电机组叶片都是由复合材料制成的，如玻璃纤维增强复合材料 GRP（也称玻璃钢）、木材、复合木板、碳纤维增强塑料 CRP 等。一些观点认为雷击不会发生在绝缘材料制成的叶片上，但实践经验表明，雷击会发生在没有任何金属材料的叶片上，雷击形成的电弧对叶片的损害也是严重的。

雷电对叶片的损伤机制是在雷击后，造成叶片结构开裂、复合材料烧坏，以及雷击点的金属部件被烧毁或熔化。

当叶片材料内部或表面存在空气间隙，雷电在这些间隙内形成电弧时，叶片损坏最为严重。另一种可见的损坏情况是当叶片内材料层间存在受潮的区域，雷电流集中于受潮层，热效应使电流集中区温度急剧升高，造成区域内空气膨胀、水分蒸发或材料汽化，区域内压力急剧增加，从而造成叶片材料爆破，小到叶片表面裂纹，大到叶片完全损坏。

风力发电机组的叶片结构主要有以下几种类型：

（1）叶片整体为绝缘结构，因为现代风力发电机组叶片都采用玻璃纤维增强复合材料（GRP）、木材、复合木板、各种纤维增强塑料等复合材料制成，而这些材料本身都具有良好的绝缘特性，成型后的叶片未采取其他雷电防护措施时，叶片整体为一完整的绝缘结构。

（2）叶片的增强材料为碳纤维，碳纤维本身具有一定的导电特性，但目前这种技术还不成熟。

（3）叶片成型后在叶片表面涂敷导电层或在表面粘贴导电金属箔作为雷电防护层，并通过金属导体的引下线将防护层和塔体金属构件连接。

（4）叶片成型过程中，在叶片尖端或其他部位安置金属接闪器，并将接闪器通过金属导体的引下线和塔体金属构件连接。

对地闪电发生时，最初是云内的初始放电，随后形成阶梯式发展的梯级下行先导，先导的每一个下行梯级向地面推进的距离一般为数十米，梯级之间都会有短暂停顿，然后继续下一个梯级，当先导达到距离地面数十米时，一般都会在地面最高物体处诱发向上的上行先导。在负地闪中，下行先导内带负电荷，地面的上行先导带正电荷，在正、负电荷静电力作用下，两个先导相向运动并相互中和，构成一次闪电中的连接过程，先导内的正、负电荷迅速中和后，并引发重新进入闪电通道的空间电荷和地面感应电荷之间的放电，即回击或继后回击，形成一次完整的对地闪电。

对于第1种结构的叶片，当下行先导推进到接近风机塔的最后一个梯级时，由于风机叶片整体为绝缘结构，风机金属塔体顶端的感应电荷和下行先导中的空间电荷在叶片表面形成很强的电场，当电场强度达到叶片表面空气击穿场强时，叶片表面将发生空气击穿形成表面闪络。地面感应电荷和下行先导内的空间电荷顺闪络通道放电，并引发后继回击。最终形成整个对地闪电。在叶片表面闪络和闪电发生过程中，闪电电流流经叶片表面产生能量损耗，其中大部分转换为热能，使流经区域中的温度瞬间急剧增加。这种温度变化作用于空气，使空气膨胀，压力急剧增大产生冲击波；闪电电流作用于叶片表面，使叶片表面的材料升温。这两种作用均会对叶片材料和结构造成危害。

特别是当叶片中的材料存在结构不均匀，如叶片材料内部存在裂纹、空气间隙、局部区域受潮等缺陷时，雷电流就会集中在缺陷处，缺陷处能量损耗就会特别集中，造成缺陷处的温度异常升高，在缺陷处发生空气压力膨胀、水分蒸发和叶片材料汽化等一系列变化。材料内部压力急剧增加，引发叶片材料内部爆破，损坏风机叶片结构，对叶片造成破坏。防止这种情况的发生是所有结构类型的风机叶片雷电防护需要特别重视的问题。

对于第 2 种结构的叶片，闪电作用于叶片时，叶片长度方向会形成很高的电位差。叶片内的碳纤维为一种导电材料，而纤维之间的塑料又是良好的绝缘材料，在闪电形成的电位差作用下，流过导电纤维中的电流将远远大于其周围的塑料中的电流，这种状况会在叶片内造成温度不均匀分布而对叶片带来不利影响，目前还没有这方面的实验和实际运行资料，是这种结构叶片雷电危害防护中应该注意的问题。

在第 3 种叶片结构中，叶片表面涂上一层导电材料或粘贴导电金属箔，雷击发生时，导电材料将雷电流传到叶片根部的金属法兰处。这种措施从原理上是合理的，但从技术角度考虑是有问题的。通常闪电中的电流都集中在闪电通道的直径很小的核心区，闪电闪击点的面积不会很大，闪电电流会集中在一个很小的点上流入闪击物体。在图 7-3 中，如果叶片的 A 点为闪电的闪击点，则雷电流将从 A 点逐渐向四周扩散，可以看出电流从 A 点流散开时，开始电流流经的区域很小，然后才逐渐扩大，这相当于在最初阶段，雷电流流经导电涂层的截面积很小，涂层的电阻值会很大，然后流经的区域增大，涂层截面积才逐渐增大，电阻值减小。假设叶片的涂层厚度为 Δd，在叶片上任取一点 A，以 A 点为圆心，以 r 半径做圆，则在半径为 r 的整个圆周处导电涂层的截面积 S 为

$$S = 2\pi r \Delta d \qquad (7-4)$$

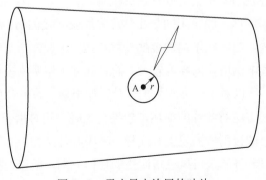

图 7-3 雷击导电涂层的叶片

当半径增加Δr，则雷击 A 点时，雷电流是从这一截面积中向四周流散。当图 7-3 中的半径增加Δr，则从r到Δr之间的涂层电阻值为

$$R = \frac{\Delta r}{2\pi r \Delta d}\rho \qquad (7-5)$$

式中：ρ为材料的电阻率。

雷电流的幅值为i时，雷电流流经导电涂层所产生的热量为

$$Q = i^2 R = i^2 \frac{\Delta r}{2\pi r \Delta d}\rho \qquad (7-6)$$

从式（7-6）可以看出，当半径r很小时，厚度为Δr的圆环的单位体积的发热量是一个很大的值。而且当半径r很小时，所涉及的导电涂层的范围很小，其热容量很小，散热的条件也很差。r越小，所涉及的导电涂层的范围越小，其热容量也会越小，散热的条件会更恶劣，这时就会导致涂层局部温度急剧上升，形成局部过热，导致近视涂层和叶片材料分离甚至熔化。

当闪电的闪击点发生在叶片的边缘处时，这种情况更严重，所以采用这种雷电防护措施，局部过热是必然的。当这种情况发生时，局部的导电层就会遭到破坏，甚至损坏叶片结构，所以对风机叶片采用这种防雷措施是值得商榷的。

对于第 4 种叶片结构，当对地闪电来临时，地面感应电荷可以几乎不受阻力地集聚到叶片中的接闪器，在雷暴电场及先导的静电引力作用下，激发向上的上行先导，触发整个对地闪电。闪电发生过程中，雷电流经接闪器流入，集中在接闪器到接地装置之间的引下线中流入地下，当接地引下线截面积满足要求，引下线回路状态良好，闪电的能量损耗将集中在接闪器、叶片引下线、风机塔体、风机塔接地体及地面以下的土壤中，在接地体的接地电阻值较大时，接闪器和引下线上的能量损耗会较小，不会对叶片造成危害。

风力发电机制造厂一般采用的是在叶片尖端安装接闪器，将接闪器通过雷电流接地引下线经碳刷与叶轮下端的金属法兰连接，这种方法对叶片有很好的防雷效果。但考虑到风电机塔体的高度较大，而且部分机组常常安装在山顶，闪电发生侧击的概率大，所以对于长度较大的叶片，如果能够在叶片的不同部位多设置几个接闪器，防止雷电对叶片的损坏，效果会更好。同时由于对地闪电发生时，是在风机塔叶片上的接闪器激发上行先导，考虑叶片结构，接闪器也不是越多越好。但考虑对地闪电可能来自风机塔四周的任何方向，所以，接闪器在叶片上的安装位置需要考虑这一因素的影响。

叶片内的接闪器及引下线的设置主要考虑的是热效应的作用，首先考虑的是在最大雷电流的情况下，不能发生接闪器熔蚀和引下线熔断造成雷电流泄放通道断开，其次是考虑在最大雷电流的情况下不会引起引下线及紧固件过热而影响叶片材料结构。因此要注意采用的引下线的线径、防雷碳刷等通流容量是否满足要求，不同连接处及防雷碳刷的接触状况应良好，接触电阻应尽可能小。

3. 轴承和齿轮箱雷电危害防护

叶片发生雷击时，在雷电流从闪击点侵入后经引下线流入地下的过程中，必然要经过叶轮的转动部件轴承和齿轮箱，有可能对轴承和齿轮造成危害，因此有必要考虑轴承和齿轮箱的雷电危害防护。

闪电是由雷暴电场中的空间电荷和地表感应电荷的运动和中和过程形成的。以地表电位为参照，雷暴电场中的空间电荷处于非常高的电位，具有很大的电场能。闪电过程中，电荷具有的全部电场能都将消耗在闪电通道、叶片接闪器到接地体之间的雷电流回路中。在这一回路中，各部分消耗的电场能和它们的电阻值有关，阻值越大，消耗的电场能越多。其中闪电通道和连接良好的引下线的电阻值一般都比较小。

但是，雷电流经接闪器流入地下的回路中必然要经过叶轮的转动轴承，轴承中都需要加注润滑油，其滚动部分必然会形成油膜，油膜具有较高的绝缘电阻，雷电流会在油膜之间形成很高的电压降，当此电压值大于油膜的击穿电压时，就会在油膜中形成放电，一旦油膜击穿放电，放电处就会流过很大的雷电流，在油膜击穿点上形成电弧使轴承的金属部发生电蚀。因此，为避免这种情况发生，在轴承两侧必须采取低阻抗分流措施，降低轴承两侧的电压，减小流经轴承的雷电流。具体方法是用导电性能良好的导体跨接在轴承两侧的金属构件上，对流过轴承的雷电流进行分流，避免雷电流对轴承和齿轮的危害。由于轴承一侧的部件处于转动状态，跨接线处必须加装一个一端固定在转动部件上随转动部件运动，另一端在轴承另一侧的构件上滑动的防雷碳刷，组成一个连接系统来对雷电流分流。

但是由于雷电流幅值很大，在跨接线上形成的电压降仍然比较大，还能导致轴承油膜击穿，油膜击穿后轴承间的阻抗下降，其值和跨接线的阻抗相近，影响跨接线的分流效果，轴承处仍然有较大电流流过，给轴承运行造成危害。为改善这一状态，可在轴承和其他金属构件之间加装绝缘件（如图 7-4 所示），以增加轴承回路的电阻值，提高分流效果，确保轴承回路通过的雷电流不会对轴承造成危害。

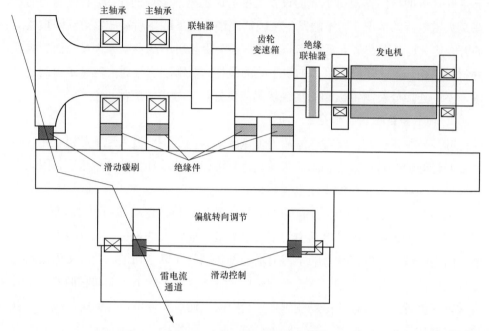

图 7-4 轴承和齿轮变速箱雷电危害防护措施

对于安装在海面上的风电机组，风机塔接地条件比陆地好，风机塔接地体的接地电阻值可能很小，因此雷电流在风机塔内引下线各部分的电压降可能增大，在轴承和齿轮箱上的电压降由此增加，雷电流对轴承及齿轮变速箱的危害会更大，因此减小滑动碳刷回路的电阻值，增大轴承及齿轮变速箱回路的电阻值，提高雷电流的分流效果显得更为重要。

4. 机舱的防雷保护

现代风电机组的机舱大多数为金属材料的全封闭结构，相当于一个"法拉第笼"，对机舱内的发动机组等设备起到防雷保护作用，其中发电机绕组又处于发动机金属部件内，绕组是经过变频器、箱式变压器后才和外部连接，变频器和箱式变压器连接电缆的两端安装了避雷器，当变频器和箱式变压器侵入波过电压得到有效保护后，发电机绕组绝缘一般不再需要另外的防雷措施。

虽然对风机叶片采取了防雷保护，对发电机舱能起到一定的防直击雷保护作用，但机舱在水平方向上仍然凸出在叶片侧面，遭受闪电侧击的概率很高。同时在机舱上方还安装了风速计和风向仪，进一步增加了侧击的概率。因此应在机舱顶部安装一个或多个金属杆，作为接闪装置防止风速计和风向仪遭受雷击。

为避免金属杆遭受雷击后雷电流对机舱内其他设备造成危害，作为接闪器的金属杆应采用专用雷电流引线直接或通过防雷碳刷引到塔架上，且采用的引线应尽可能短。

5. 风机塔内防雷接地引线

风机塔的叶片接闪器发生雷击后，闪电电流经接闪器、叶片内的接地引线、接地碳刷、塔体和接地体流入地下。在整个回路的不同部位都会形成电位差，对周围的设备造成反击。同时雷电流还会在回路中造成能量损耗，使回路中的金属导体温度升高，造成过热甚至金属熔化。

一般在电力设施和装置中，采用螺栓连接的金属构件，可能因油漆等污秽引线，使构件之间的电气连接不可靠，同时应避免雷电流造成连接螺栓金属熔化，因此要求采用导电良好的金属导线进行跨接。在风机塔内螺栓连接的金属构件较多，它们之间都应用导电良好的金属导线进行跨接。

7.3 箱式变压器雷电危害

在风力发电系统中，箱式变压器将风力发电机、变频器组产生的工频电压进行初级升压，经集电线路输送到升压站进一步升压后输送电网。箱式变压器是风力发电系统中非常重要的设备。

相对于常规电网中的 35kV 箱式变压器，风电场中的 35kV 箱式变压器的运行条件存在非常大的差异。在常规电网中，箱式变压器在运行过程中，除与之相连的线路外，变压器本体是不会遭受直接雷击的，因此不会有雷电流直接从箱式变压器接地体流入地下。虽然由线路侵入的雷击过电压传入变压器高压绕组，但经避雷器限压，流过接地体的雷电流也已经很小，在接地体上形成的电压降值不会太大。因此，也不需要考虑雷电流引起的地电位升高的过电压（反击）危害。而风力发电系统中的箱式变压器的接地体和风机塔的接地体连接在一起，风机塔落雷时，雷电流通过它们共同的接地体。同时，风电场安装位置的接地条件比较差，地网的接地电阻值高，雷击时在接地体的接地电阻上形成的地电位升高幅值大，形成的雷击过电压直接作用在中性线接地的变压器低压绕组上，地电位升高对风电场箱式变压器绕组形成反击是雷电危害最显著的特点。

在频发的风电场雷击事故中，变压器损坏的事故也很多，针对以上情况，有必要对风电场中箱式变压器的雷电危害及雷电危害防护特点进行分析。根据分析，在雷电作用下，风电场的箱式变压器遭受雷电危害的特点如下：

（1）常规电力系统中的箱式变压器运行过程中是不会遭受直接雷击的，不会有巨大的雷电流从其接地体流入地下，不用考虑雷电流引起接地体地电位升高形成的过电压反击危害。在风电场中，风机塔实际上就是一个诱发对地闪电的避雷针，遭受雷击是必然的。雷击后，泄放的雷电流在风机塔接地体的接地等值上产生电压降，使接地体地地网升高。与之相连接的箱式变压器接地体的地电位随之升高，对变压器绕组形成反击危害变压器绕组的主绝缘和纵绝缘。

（2）风电场中的箱式变压器的高压绕组需要通过架空线路或电缆及远方其他机组或升压站中的设备连接，风机塔落雷时，箱式变压器接地体地电位升高，而远方无雷击的区域仍为地电位，架空线或电缆会将远方的低电位引入箱式变压器，在变压器高绕组线端对地和高、低压绕组间形成很高的电位差（过电压），危及变压器高压绕组的相对地绝缘和高、低压绕组之间的绝缘。

（3）常规电力系统中的 35kV 箱式变压器的雷电危害主要发生在变压器高压侧，雷电波由高压侧的线路侵入变压器高压绕组。在高压侧避雷器限压后通过避雷器从接地体入地的电流已经很小。引起的地电位升高幅值不会很大。而风电场中，风机塔会频繁地遭受直接雷击，巨大的雷电流直接经接地体入地时，会在接地体上形成很高的电压降，引起接地体地电位升高的幅值很大，并以过电压的形式，从低压绕组中性点侵入，以相反方向作用在变压器低压绕组上。

（4）常规电力系统中的箱式变压器中，不管雷电波从哪个方向侵入变压器，都可以在变压器两侧绕组的线端对地之间并接避雷器，同时在变压器制造过程中，采用合理的绝缘结构，改善变压器绝缘的冲击电压特性，都能有效防止雷击过电压对变压器的危害。风电场箱式变压器高压侧的雷电危害形式和常规电力系统中的箱式变压器没有什么不同，其雷电危害完全可以参照常规电力系统中的箱式变压器的措施执行。

（5）由于接地条件限制，风电场接地体的接地电阻值比常规变电站的接地网的接地电阻值高，常规变电站地网的接地电阻值要求为 0.5Ω，而风电场接地体的接地电阻值的设计要求为小于 4Ω，但实际上常常会达到十几欧姆甚至更大。在雷电流作用下，接地体的地电位升高幅值会很大，反击造成的危害大。

1. 箱式变压器雷电危害防护

所有的风电场箱式压器都参照常规电力系统中的箱式变压器，在两侧的高、低压绕组线端对地都安装了避雷器，对可能出现在绕组两端的高、低压采取了限压等保护措施。对箱体内的二次接线和设备都采取限流、限压措施。但风电场中的箱式变压器仍不断有雷电危害事故发生。经分析发现：虽然风电场箱式变压器低压侧安装了避雷器，但不一定都能得到好的防护效果。因为变压器低压侧（690V系统）的避雷器能否有效地防止雷电对变压器绕组的危害，还和变压器低压侧690V回路的系统接线及中性线电缆的接地方式有关。

大部分风电场 690V 系统都是将中性线直接接地运行。这种方式的优点是稳定系统的对地电压，在任何情况下，系统中的设备线端对地始终处于相电压，因而降低了电气设备的对地绝缘水平；当系统中的设备发生单相接地故障时，立刻在相对地回路中形成故障电流，有利于实现系统的继电保护。

如果该系统采用中性线开路运行，一旦系统设备发生单相接地故障，中性点电位就会升高，健全相（两相）线端电压就会变成相电压，若需系统在这种情况下继续运行，则要求系统中的设备具有承受相电压的绝缘水平，设备的制造成本就会提高，特别是对于 110kV 及以上电压等级的电力设备，随电压等级的提高，制造成本会急剧增加，因此在高电压系统都采用中性点接地方式运行。在系统电压较低时，一般会采用中性点不接地方式运行，这时，虽然对设备绝缘提高了要求，但对制造成本的影响较小，这种方式的优点是在系统发生单相接地故障时，不影响系统工作状态，系统仍可正常运行。其不利的一点是，发生单相接地故障时，故障相中不会形成故障电流，无法采用继电保护方式对接地故障提供保护。如果其他相再发生接地故障造成系统短路，对系统设备的危害就可能比中性点接地系统中的单相故障严重。

在风电场中，690V 系统的中性线电缆接地方式，可采用分别在风机塔内和箱式变压器室同时接地。采用这种接地方式，690V 系统的中性线电缆和两点之间的接地体都会有雷电流流过，两点之间会有电位差。

如果 690V 系统的中性线电缆只在一端接地，两端接地时被中性线电缆分流的雷电流全部集中于两点之间的接地体，雷电流在两点之间的接地体上的电压降变大，两点之间的电位差增加。

如果在风机塔内一端接地，雷击时电缆就会将塔内高电位引到箱式变压器室内，在相对于室内的低电位点之间形成电位差。相反，如果在箱式变压器一端接地，电缆就会将箱式变压器处的低电位引到风机塔内，在相对于风机塔的高电位点之间形成电位差。

由于雷电流是一种暂态现象，峰值电压沿导体下降可近似地表示为

$$V = L\frac{\mathrm{d}i}{\mathrm{d}t} \qquad\qquad (7-7)$$

式中：L 为导体电感。导体的电感通常认为近似为 $1\mu H/m$，根据雷击和在导体之间的分流水平，最大 $\mathrm{d}i/\mathrm{d}t$ 从 $0.2\sim200kA/\mu A$，因此沿等电位连接带的电压上升到 200kV/m。风机塔接地体的结构一般都比较简单，当风机塔和箱式变压器之间的接地体通过单根导体相连时，按这样计算，两点之间的电位差可能就是一个很大的值。这样的电位差不管是出现在风机塔内还是在箱式变压器室中，只要电位差达到一定幅值，就有可能造成设备绝缘击穿、空气间隙放电或元、器件损坏。

有资料对 690V 系统的防雷方案进行了仿真分析，如果箱式变压器侧未安装避雷器，当注入风电机组的雷电流为 100kA，雷电流波形为 $2.6/50\mu s$ 时，变压器相线对中性线之间的冲击电压峰值可达 120kV，远远超过变压器低压侧以及低压侧电缆的冲击耐受电压。如果在变频器侧不装避雷器，得到的仿真结果相同。因此，在变压器和变频器两侧都必须安装过电压保护器，才能防止形成反击危害。

2016 年 5 月 2 日 18 时 10 分，某风电场 10 号风机报变压器故障停机，后检查发现事故导致箱式变压器损坏，箱式变压器室顶部严重变形，散热片防护罩变形，690V 低压侧涌流保护器引线烧断，但涌流保护器完好，剩余部分引线的绝缘仍然完好。显然这种状况是由保护器对箱式变压器的金属构件放电引起的。

在图 7-5 中，如果 690V 系统中性线在变压器端与箱式变压器的金属构件连接，并在变压器端接地，保护器也在该处接地，则保护器和金属构架之间出现过

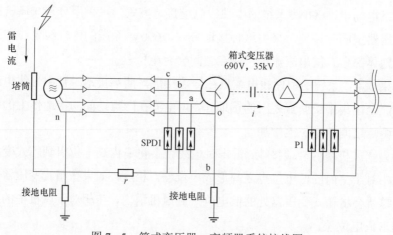

图 7-5 箱式变压器—变频器系统接线图

电压时，保护器就会动作限制过电压。而当中性线未接地的情况下，避雷器就会失去保护作用。

有关设计文件中要求箱式变压器的接地要连接到风机塔的接地体上，但也有资料提到可将风机塔独立接地。

当风机塔和箱式变压器分别独立接地时，雷电流引起风机塔的接地体地电位升高，从塔内引入箱式变压器低压绕组的电缆、其他测量和控制导线等的电位随之抬高。而箱式变压器的接地体，包括箱体金属构件仍处于低电位状态。这时引入的高电位会在接地的箱式变压器箱体金属构件之间形成电位差，引起放电。同时风机塔侧的地电位升高形成的过电压会通过变压器低压绕组作用于高压绕组之间，危及变压器高、低压绕组之间的绝缘。对于这两种情况，变压器两侧的避雷器都不能进行有效保护。

变压器出厂试验中，高、低压绕组之间的交流耐压是按 35kV 电压等级进行的，所以高、低压绕组之间的绝缘强度还是比较高的。只有当雷电流幅值特别大，风机塔的接地电阻值又高的情况下，形成的电位升高的幅值使得高、低压绕组之间的电位差大于它们之间的绝缘最大承受值时，才会造成绝缘击穿，雷电流通过高、低压绕组向远方泄放。

当风机塔和箱式变压器的接地相互连接后，变压器高、低压绕组线端对地之间的电位固定，出现在线端对地及两个绕组之间的过电压，都可以通过并联安装的避雷器加以限制。出现在变频器的过电压也可通过在变频器出口安装滤波器，对过电压加以限制。

2. 变压器绕组中的波过程及雷电危害防护

在图 7-5 中，b 点电位升高后，当变压器低压绕组中性点直接接地时，中性点的电位瞬间升高到和 b 点电位相同的值。但由于低压绕组和处于地电位的高压绕组之间存在电容，低压绕组将通过他们之间的电容、高压侧电缆向远方低电位处泄放雷电流。这时，相当于升高的电位从低压绕组中性点向绕组线端反方向作用在低压侧三相绕组上。

根据变压器绕组过电压分析，在过电压波作用于变压器绕组时，电压沿绕组的分布是不均匀的。因此，当升高的电位反向作用在变压器低压绕组上时，绕组上的电压分布相当于和雷电波作用于绕组首端类似。电压波作用于变压器绕组时，绕组中最高电位梯度为平均梯度的 5～30 倍。因此，绕组中电位梯度最高部位的纵绝缘（匝间绝缘）可能承受更高的过电压。

风电场箱式变压器中这种雷电波作用和常规电力系统中的变压器稍有不同，但分析结论同样可以应用在风电场中的箱式变压器低压绕组中的波过程中的过电压分析。

从前面变压器绕组的波过程分析可以看出，在雷电波作用下，变压器绕组起始电压非均匀分布在纵绝缘上产生的过电压，是无法通过低压侧安装的避雷器进行限制的，因为即使整个绕组的电压未超过避雷器的动作电压，因绕组电压分布非均匀特性，绕组局部区域的匝间电压仍有可能超过匝间绝缘的击穿电压。这种情况只能采取变压器内部保护措施来防止雷电危害。即在变压器制造过程中采用电容补偿法改善绕组的起始电压分布，减小变压器纵绝缘（主要是匝间绝缘）上的过电压，提高变压器本身的冲击电压特性来防止雷电危害。采用电容补偿法，改善变压器绕组电压分布，能提高变压器冲击电压特性，提高变压器本身的防雷电危害水平，但这种方法实施起来难度大。

从前面的分析中可以看出，电压沿变压器绕组的分布是不均匀的，是由于雷电流通过低压绕组和高压绕组向远方低电位区泄放造成的。如果在高、低压绕组之间加入金属屏蔽，并将金属屏蔽接地，在雷击发生时，金属屏蔽的电位随接地体电位同步上升，而变压器低压绕组和高压绕组之间的分布电容因屏蔽的作用明显减小。流过低压绕组的电流很小，作用在整个绕组上的高、低压值明显降低，即使绕组上的电压分布不均匀，其中的最大的匝间电压也不至于对绕组匝间绝缘构成威胁。

风电场防雷的最突出问题是地电位升高形成的反击，和地电位升高幅值有最直接的关系，地电位升高的幅值决定于接地体的接地电阻值，降低风电场接地体的接地电阻值是最简单，也是有效的防雷措施，因此，在风电设计和建设中，适当降低风机塔接地体的接地电阻值，对箱式变压器的防雷无疑是有益的。

7.4 集电线路及升压站雷电危害防护

风电场的集电线路主要采用两种方式，即架空线路和敷设电缆，相对于通常的电力线路，风电场的集电线路的防雷并没有特别的要求，主要是注意两端的避雷器参数的选择。

风电场中，升压站的系统电压一般都为 110kV 电压，风电场的升压站防雷和通常的电力系统中的 110kV 变电站基本相同，也没有其他特殊要求。但是，许多风电场的 110kV 升压站的建设都将线路的架空地线在升压站门架上接地,有的站甚至在控制室的墙外专门埋设接地点,单独将线路架空地线引到该处接地,这种设计是不太合适的。

在常规电力系统中,对于 110kV 线路的架空避雷线,一般都在线路的最后一级杆塔上跨接到升压站内的门架上,目的是加强最后一级杆塔到门架之间的直击雷防护,但引致门架上的架空地线不应在门架或升压站内直接接地,而应通过一片带放电间隙的瓷片和门架上接地金属构件连接,目的是一旦架空避雷线落雷,不要让强大的雷电流流入站内。因为在整个系统的设计过程中,线路对雷电的耐受能力都比站内设备高,而且,随着电子技术的发展,站内测控、通信及计算机系统等弱电设备承受雷电的能力非常弱,加之站内运行人员的安全更重要,所以不应将架空避雷线上的雷电流引入站内。

7.5 风电场弱电(二次)设备雷电危害防护

根据电磁理论,一个空腔内无其他带电体的导体壳,不管其本身是否带电或是否处于电场中,其内表面上都无电荷,空腔内也无电场,同一个实心球的情况一样。导体壳的外表面"保护"了它所包围的区域,使之不受导体壳外表面上的电荷或外界电场的影响,这种现象称为"静电屏蔽"。

当空腔中有外部导体引入时,为达到这种屏蔽效果,还必须将导体壳接地。接地后能使壳内的电场不因壳体外电场的变化而变化,从空腔外引入的导体就可以不因壳体外的电场变化而受到影响,从而起到对外电场的屏蔽作用。

风力发电机、变频器及机组监控等设备都安装在风机塔内。整个风机塔都是由导电良好的金属材料构成,风机塔安装在地面的塔基上,塔基是由钢筋混凝土构成,塔基以下埋设有由导电材料构成的接地网。而风机塔都是和塔基中的钢筋及接地网连接在一起。因此,风机塔体和接地网共同形成了一个很好的静电屏蔽,使塔体外表面所包围的区域得到了保护,即塔体内的导电体的电状态可以不受塔体外表面以外空间中的电、磁场的影响。

更具体地,当风机塔内的设备和设备导电零、部件和风机塔外无任何电的联系的情况下,雷击发生时,变化的是风机塔体外表面上的聚集电荷,但并没有电荷越过外表面进入外表面以内的区域(导体带电时,电荷只能聚集在导体的外表面上),所以风机塔内部的设备,以及设备的导电零、部件的电状态不会改变。

所以风机塔对雷击是一个很好的屏蔽。有关资料中，都将风机塔屏蔽的作用作为防止雷电危害的措施之一。

但是在雷击发生时，风机塔接地体的地电位会因雷电流在接地电阻上引起的压降而升高。风电机组发出的电能不可避免地要通过电缆、箱式变压器、集电线路和升压站输入电网；风电机组的监控、通信和测量信息需要通过导线连接到箱式变压器室或集控室等。这是由于风机塔内有导体线路或其他导电体从塔外引入，雷击发生时，风机塔地电位升高，塔体的内、外表面等电位，塔内的所有导电体的电位也要随之升高。但和远方连接的导体线路的远端为低电位，导线会将远端的低电位引入塔体内，在引入线路的导体和塔内其他接地的导电体之间产生电位差。在雷击发生并引起塔体电位升高时，会有电荷从高电位导体向低电位的引入导线处流动，并沿导线向没有雷击的远方流出。

实际上，如果导体线路是直接从高电位导体连接到低电位远方，如集电线路中的电力电缆的金属护层，当两端接地时，风机塔接地体上升高的地电位就施加在电缆接地护层两端。而当引入线路导体，如电缆的芯线不是直接接地，塔内的高电位就会作用在芯线对地的绝缘上。箱式变压器低压侧的三相电缆和高压侧的三相出线，它们之间相互绝缘，没有直接的电的联系；外部引入的弱电设备导线的芯线和塔内的高电位导体之间也是绝缘。这时高电位导体上的电荷将通过它们之间的绝缘向低电位处流出，升高电位将施加在高电位导体对低电位导体之间的绝缘和流至低电位处的线路阻抗上。

闪击发生后，风机塔接地体地电位升高，雷电流在发电机组的一次系统中的泄放通道是从风机塔接地体经接地的690V中性线电缆，变压器低压绕组和高压绕组之间的电容、集电线路电缆流向远方。

进行雷电分析时，雷电流波近似地看作一个波头很陡的矩形波，当风机塔落雷时，在雷电流泄放通道上形成的电位升高波形和电流波形类似，这一升高的地电位以过电压的形式作用在雷电流向远方泄放的通道上。图7-6为电位升高后放电回路上的电压分布等值电路。

为简化分析，图中 C_{01} 为风机塔体和未在塔内接地的导电金属部件（如外部引入的导线）之间的电容；C_{12} 为金属部件对690V电缆之间的电容；C_{23} 为变压器低压绕组对高绕组之间的电容；C_{04} 为690V电缆对风机塔的接地体之间的电容。地电位升高时，图7-6中的地电位升高，各电容上的初始电压分布取决于其电容值，电容值越小，电压值越大，电容值越大，电压值越小。

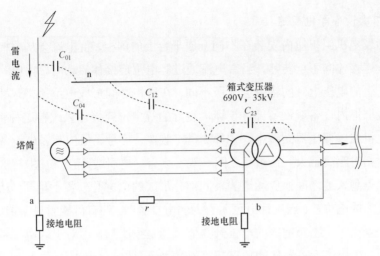

图7-6　地电位升高时风机塔内导电体电位变化

显然，在图7-6中，雷击塔顶时，雷电流从塔顶注入，经各分布电容及两个接地体连接导体电阻 r 向箱式变压器高压绕组远端低地位处泄放。在雷电流作用下，每一个分布电容和电阻 r 之间都会产生电压降，形成地位差。

当这些电容所连接的两点之间形成的电位差（过电压）超过一定值时，就会在两点之间产生放电，对设备造成危害。可以看出，可能产生放电的最典型的部位有：塔体对塔体外部引入的导体之间、外部引入导体对690V电缆之间、塔体和690V电缆之间、变压器高压和低压绕组之间。在这些部位上，往往无法用避雷器来对过电压进行限制，只能通过其他措施进行雷电危害防护。

风电场的弱电系统主要是指保证风力发电设备正常运行的测量、监控和保护设备，以及生产管理的通信及计算机等设备和系统。这些装备分别安装在风机塔、机舱和箱式变压器箱内。它们遭受直接雷击危害的可能性小，但遭受雷击过电压危害的可能性却比常规电力系统中的设备大得多。

雷电对弱电设备的危害主要有两个方面：

（1）通过电传导、电耦合或电磁耦合将雷击形成的过电压、过电流引入弱电系统或设备，对弱电设备绝缘及元、器件造成电击穿或损坏。

（2）通过电传导、电耦合或电耦合磁将雷电形成的脉冲信传入弱电系统，影响和干扰弱电设备的正常工作。

对于风力发电系统中弱电设备的雷电危害防护措施主要有接地、均压、屏蔽、限幅和隔离等。在风电场中，其防雷的具体措施主要有以下几点：

1. 二次设备等电位连接

风力发电机组机舱内安装在不同金属平台上的屏柜，雷电流会从屏柜上层通过等电位连接体向下层转移，当雷电流通过等电位连接体流动时，雷电流在不同屏柜上产生的电压上升的幅值会有所不同，在屏柜之间形成电位差，这种电位差可能导致屏柜内设备或设备部件损坏，良好的等电位连接可以改善这种状况。

发电机组—变压器系统中，各种测量、监控、信号、保护等弱电设备安装的空间位置相对距离都大，且相互之间一般都会有导电引线连接。发生雷击时雷电流在闪击点到入地之间泄放通道的不同部分形成的电位升高各不相同，从而在不同点直接形成电位差。当这种电位差引入弱电设备时，就有可能对设备造成危害。这种电位差相对于整个地网的电位升高值可能是很小的，但对于弱电设备，特别是设备中的微电子元、器件的危害却可能是"致命"的。因此，弱电设备的防雷最重要的就是如何消除这种情况下的电位差对弱电设备的危害。

当防雷接地和弱电系统共用一个接地系统时，雷电在接地回路中产生的电位差可能会通过各形式传播到弱电设备中去。在图 7-7（a）中，雷击后的雷电流 i 在接地系统中流动时，由于雷电流幅值非常大，接地系统中 M、N 两点之间不可避免地存在电阻，雷电流流过时，会在 M、N 之间产生电位差 u_{MN}，接地系统相对于处在不同区域中的弱电设备引线的两端 A、B 的电位分别为 u_{AM} 和 u_{BN}，显然弱电设备引线两端 A、B 两点之间会有电位差，这一电位差的值为

$$u_{AB} = u_{AM} - u_{BN} = u_{MN} \tag{7-8}$$

雷电流幅值越大，A、B 两点之间的电位差的值越大。如果弱电设备中 A、B 两点之间是绝缘层或电子元、器件，这一电位差就会作用在绝缘层或电子元、器件上。

各种电子元、器件的暂态过电压和过电流的耐受水平都很低，特别是随着现代电子技术的发展，电子元、器件的集成度越来越高，电子元、器件过电压和过电流的承受能力差。为了消除雷电流在接地系统中的电位差危害弱电设备，最有效的措施是对弱电设备的"参考地"进行等电位连接。

以往的资料中，对"接地"和"等电位连接"都没有清晰的概念，实际应用中常常相互混淆，甚至将等电位连接等同于接地。在风力发电系统的防雷实践中，这种情况更严重，以至于风力发电系统中弱电系统中的雷电故障频繁，事故不断。

造成这种情况的原因是对"接地"和"等电位连接"概念理解上的错误。实

际上从风电系统防雷角度考虑，等电位连接和接地在形式上有相似之处，但在使用目的和具体方法上有很大区别。

"接地"最初源自避雷针的雷电流泄放，富兰克林发明避雷针时，就是将雷电流引入地下。富兰克林很谨慎地指出："从避雷针引下的导线要接触到潮湿的土壤，埋得越深越好。"当人类进入电气时代后，电力生产、电能输送和使用的各种电气设备以及整个系统的某些部位都必须可靠接地，其目的主要是为系统中的事故电流提供通道，保证整个系统正常运行和人员安全，也为系统中的避雷器动作时的入地电流提供通道。虽然不同接地点和大地同电位，但并不是严格意义上的"等电位"，而在雷击时，不同接地点的电位会相差很大。

"等电位连接"实际上是在弱电设备雷电危害防护过程中形成的一个新的概念。雷击发生时，雷电流经雷击点入地，在流经的路径上产生电压降，在不同点之间形成电位差。人们发现，当区域内有各种弱电设备时，这种电位差会通过各种导电体引入弱电设备中，造成雷电危害。

显然，危害是因为电位差引起，如果设法避免这种电位差引入弱电设备，就可避免雷电危害。

风机塔本身就是一支避雷针，当雷电流沿塔体、接地体流入地下时，会在流经的整个路径上形成 10^6 V 左右的暂态电压降，因此，电流路径上任意两点之间的电位差都可能是一个很大的值。风电机组包括箱式变压器内的测量、监控等弱电设备分布在雷电流泄放的不同部位，设备之间都会出现电位差。

通常设备的金属外壳必须接地，接地之后，处于雷电流通道不同部位的弱电设备的外壳的电位会不同。同时，弱电设备总会有电源、信号等各种导电线引入，也会有各种联络线在相互之间连接。这些导电体会将雷电流通道中的不同电位引入同一设备中，在设备绝缘结构或电子元、器件之间形成电位差，这种电位差作用于设备绝缘或元、器件，就会造成绝缘击穿，元、器件损坏。因此，风力发电系统中的弱电设备的雷电危害防护必须进行等电位连接。

风电场中弱电设备的金属外壳都在风机塔体上进行连接（接地），进行等电位连接是将弱电设备的电路地（参考地）用专用的等电位导体连接在一起，然后再和风机塔的接地体连接，使弱电设备的电位参考点都处在相同的电位，雷击发生时，所有弱电设备电位参考点的电位都随风机塔接地体的电位变化而变化，设备绝缘结构和元、器件之间不会因为地电位升高而产生电位差，从而避免雷电流引起的电位升高和电位差形成雷电危害。

在图 7-7（a）中，当雷电流在主地网中的 M、N 之间产生电位差 u_{MN}，如果弱电设备 A、B 分别在 M、N 两点接地，当设备 A、B 有导线 l_1、l_2 引入设备 S 时，l_1、l_2 就会将两接地点之间的电位差 u_{MN} 引入设备 S，从而危及设备绝缘及设备中的元、器件安全运行。

在图 7-7（b）中，进行等电位连接后，弱电设备 A、B 参考地的电位相同，它们的电位都为主地网中 N 点的电位。雷击发生时，N 点的电位升高，弱电设备 A、B 参考地的电位随之升高，连接到设备 S 的导线 l_1、l_2 之间没有电位差，设备 S 中不会出现上面的雷电危害。

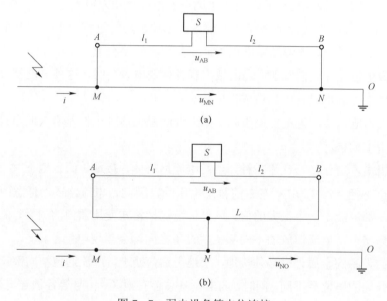

图 7-7　弱电设备等电位连接
（a）强电系统和弱电系统共地；（b）弱电系统等电位连接后接地

由于微电子元、器件承受雷电的能力很弱，很小的电位差都有可能造成危害，为进一步避免任何情况下不会在等电位连接导体的不同部位上出现电位差，连接导体应采用导电良好，并应具有一定截面积的导电体，通常采用截面不小于 $90\,mm^2$ 的铜排。将所有弱电设备的电位参考点都可靠地连接在连接铜排上，然后通过一点和风机塔的接地体连接。为避免风机塔及接地体上的电位影响，等电位铜排和风机塔的接地体连接前，铜排和风机塔的接地体应处于良好的绝缘状态。

对弱电设备进行等电位连接时，应注意以下几点：

（1）等电位铜排安装时，因不同弱电设备的金属外壳一般都安装在风机塔的金属构架上，即都和接地体连接，因此，应注意在等电位铜牌和塔内其他金属构架之间一定要保持一定的距离，以保证对接地体地之间处于绝缘状态。安装完后，应对连接铜排进行绝缘电阻测量，保证有一定的绝缘强度。

（2）然后采用具有一定截面积的导线，在合适的位置和接地体连接，如果考虑接地的可靠性等电位连接铜排和主接地网只能有一个连接点，一定要避免在不同位置上和主接地网有多点连接。等电位连接铜排和主接地网的连接必须可靠，连接导线的截面积要满足标准要求，如果因可靠性需要重复接地，不同的接地连接应设置在距离第一个接地点尽可能小的位置。这样可避免雷电流流入等电位铜排，再从另一点流出时，在不同连接点之间形成大的电位差，危害弱电设备。

（3）电子设备和系统之间的测量、控制等信号线等，如果需要采用屏蔽线，应采用带外绝缘的金属屏蔽线，其屏蔽接地应和等电位铜排连接，这样可以避免金属屏蔽将高电位引入弱电设备或装置。

（4）为避免避雷器等防雷器件动作时有雷电流在等电位连接铜排上流过，等电位连接铜排及弱电系统和风机金属塔体及接地体之间不应再安装避雷器等防雷器件。弱电系统的防雷器件应在等电位铜排上接地。

（5）引入弱电系统的 50Hz 交流电源和信号线，最好在引入前采取电磁隔离措施。隔离后，其接地应连接在等电位铜排上。未进行隔离的，其接地亦应连接在等电位铜排上。

2. 二次设备中的过电压和过电流限制

上面介绍的弱电设备防雷措施，可减少过电压和过电流对弱电设备的危害，但仍不能完全避免过电压和过电流对弱电设备及设备内元、器件的危害。因此针对弱电设备中可能形成过电压、过电流和需要防护的重点部位，还需要安装避雷器（电涌保护器），对雷电过电压和过电流进行限压或限流，从而保护弱电设备中的元、器件不受雷电危害。微电子元、器件的设置可按电子电路防雷要求执行。

7.6　风电场防雷接地

风电场接地对发电一次系统的接地要求，和常规电力生产系统中的接地没有不同，但在雷电危害方面却有一定的特殊性，所以风电场中的防雷接地也有一些特殊要求。

7.6.1 110kV 升压站防雷接地

总体考虑，风电场设置接地网主要也是两个方面的需要，一是一次系统运行，即系统短路电流和人员安全，另外就是雷电危害防护要求。其中 110kV 变电站的接地在这两个方面都没有特别要求，完全可以参照常规发电系统中的 110kV 变电站要求执行。GB/T 50065—2011《交流电气装置的接地设计规范》中对发电厂、变电站的接地电阻需要满足 $R \leqslant 2000 / I$（式中 I 为最大短路电流）的要求，针对风电场中的 110kV 升压站是适用的。

7.6.2 风机塔及箱式变压器系统防雷接地

在风力发电机—箱式变压器系统中，单台风机的容量都不会很大，发生故障时，其短路电流较小，设备外壳均已可靠接地，系统运行过程中，短路电流及人员危害防护对接地电阻的要求一般都能得到保证。由于风机塔要遭受直接雷击，风力发电机—箱式变压器系统的接地必须考虑直击雷电危害防护要求。

风机塔及箱式变压器系统的接地主要应考虑雷击引起等电位升高形成的反击危害。雷击风机塔，雷电流会引起风机塔和接地体的电位升高，一般而言，接地电阻越高，等电位升高幅值就会越高，反击危害的可能性和危害程度越大。从这一角度考虑，接地电阻值越低越好，但在风电场，降低接地电阻值往往难度较大。

在前面的分析中，安装避雷器，结合改善变压器冲击电压特性，一次设备等电位升高形成的反击危害可以得到很好的防护。

等电位连接，在弱电回路中安装限流、限压器件，可使弱电系统中等电位升高形成的反击危害减小到最低程度。

在前面的分析中，等电位铜排需要从风机塔一直引到箱式变压器室内，铜排的电位和接地连接点相同，但铜排的两端和所在位置的接地体（风机塔及箱式变压器室）之间的电位差可能是一个很大的值，在这里就会发生放电，而在这些部位又不宜安装避雷器，所以应尽可能降低风机塔及箱式变压器室之间的电位差。

为此，在对风机塔的接地体和箱式变压器接地体连接时，应尽可能地减小它们之间的阻抗。在风机塔的接地体和箱式变压器接地体之间，雷电流形成的电位差主要取决于感抗。采用单根导体的感抗会很大，所以，它们之间的连接不应仅采用一根导体，而应考虑采用多根导体，甚至采用网状连接。最好能尽可能地缩短箱式变压器和风机塔之间的距离。这也是为什么国外一些风电场将变压器安装在风机塔内的原因。

7.6.3 陆地风电场防雷接地

当升压站土壤电阻率偏高，风电场升压站地面面积偏小，接地电阻难以满足要求时，GB/T 50065—2011 中也规定了，"当接地网的接地电阻不符合要求时，可通过技术经济比较适当增大接地电阻。在符合该规范中 4.3.3 条规定时，接地网地电位升高可提至 5kV，必要时，经专门计算，且采取的措施可确保人身和设备安全可靠时，接地电位升高还可以进一步提高"。

将相邻风机的地网相互连接在一起，以降低地网接地电阻的效果值得商妥，因为一般情况下，相邻机组之间的距离比较大，用导电扁铁将地网连接到一起，必须考虑连接扁铁的电感影响，实际雷击时，其降阻的效果还有待验证。

以上标准中发电厂、变电站的接地电阻要求并不针对风力发电系统，即不能作为风机塔和箱式变压器系统的接地电阻要求。而风电场相对于常规发电机—变压器系统的运行条件的最大不同是风力发电机—箱式变压器组接地必须考虑直击雷电的影响。因此，风力发电机和箱式变压器组的防雷接地要按直击雷作用下的防雷来考虑，其设备包括发电机、变频器、箱式变压器和变频器公共部分（690V）电缆和箱式变压器等。

风力发电系统中的升压站多为 110kV 电压等级变电站，雷电对其可能造成的危害情况和常规变电站没有不同，其防雷接地要求可参照常规变电站的要求进行。

7.6.4 海上风电场接地

虽然海面上空旷、平坦，但海上风机塔遭受雷击的概率也是非常高的，有资料对海上风机桨叶引雷能力进行室内模拟实验，这种条件下实验方法是不可取的，实验数据是不可信的。其原因如下：

（1）首先对地闪电发生时，其梯级先导的形成和最初阶段，是不受地面状态影响的。而如果对地闪电发生在风机塔上部的附近空间，梯级先导接近海平面时，引发迎面先导的必然是风机塔，所谓雷击风机塔的概率受风机塔接地电阻的影响极小。

（2）风电场发电机组及相关设备的防雷要求，并不因雷击概率而改变，哪怕只发生一次雷击，其防雷措施也必须完善，更何况风机塔本身就是引雷的，引雷的概率不可能小。

由于海水和海水含盐，海上风力发电机的接地电阻远远小于陆地上的风力发电机的接地电阻。一般只有陆地上的风力发电机接地电阻的3%～5%，所以海上风力发电机组的接地是容易达到防雷要求的。

海上风电场其他部分设备的防雷接地和陆地上的风电场相同。

参 考 文 献

[1] 邱毓昌，施围，张文元．高电压工程［M］．西安：西安交通大学出版社，1994．

[2] 申积良，岳千钧．大气电与雷电形成和变化［M］．北京：中国电力出版社，2017．

[3] 虞昊．现代防雷技术基础（第2版）［M］．北京：清华大学出版社，2004．

[4] 解广润．电力系统过电压［M］．北京：水利电力出版社，1985．

[5] 肖稳安，张小青．雷电与防护技术基础［M］．北京：气象出版社，2005．

[6] 苏邦礼，崔秉球，吴望平，等．雷电与避雷工程［M］．广州：中山大学出版社，1996．

[7] 郑明，刘刚，周冰，等．风电场防雷与接地［M］．北京：中国水利水电出版社，2016．